玩转 AIGC

工作提效、副业变现

薛老板 编著

人民邮电出版社

北京

图书在版编目（CIP）数据

玩转AIGC：工作提效、副业变现 / 薛老板编著. 北京：人民邮电出版社, 2025. -- ISBN 978-7-115-66334-4

I. TP18

中国国家版本馆 CIP 数据核字第 20254JY930 号

内 容 提 要

本书旨在帮助想要抓住 AIGC 发展红利的人，为其提供一个系统的学习教程。本书主要介绍三方面的内容。

一是 AIGC 工具学习。这部分会讲解文本、图片、视频三大领域的 AIGC 经典工具的详细使用技巧，包括国内外大模型提示词的撰写技巧、Midjourney 和 Stable Diffusion 两款绘画工具的操作教程，以及 Runway 和 Pika 两款 AI 视频生成工具的使用方法。

二是 AIGC 职场赋能。这部分会重点讲解如何使用 AIGC 工具提高工作效率，包括输出思维导图、制作 PPT、写周报、解决工作沟通问题、辅助用户调研并输出用户画像、总结图书/报告、做数据分析、辅助英语对话练习、输出高质量广告策划、批量生成爆款文章、辅助高质量简历制作、辅助模拟面试及面试题目准备等方面。

三是 AIGC 副业变现。这部分主要讲解如何使用 AIGC 实现副业变现，列举了 AIGC 在文本领域、绘画领域、声音领域、数字人领域的变现方法及详细操作步骤。

本书最大的特点是可操作性强，适合想要通过系统全面地学习 AIGC 工具，提高办公效率及实现副业变现的读者阅读。

♦ 编　著　薛老板
　　责任编辑　王　冉
　　责任印制　陈　犇

♦ 人民邮电出版社出版发行　北京市丰台区成寿寺路 11 号
　　邮编　100164　电子邮件　315@ptpress.com.cn
　　网址　https://www.ptpress.com.cn
　　临西县阅读时光印刷有限公司印刷

♦ 开本：700×1000　1/16
　　印张：14　　　　　　　　　　2025 年 5 月第 1 版
　　字数：244 千字　　　　　　　2025 年 5 月河北第 1 次印刷

定价：59.80 元

读者服务热线：(010)81055410　印装质量热线：(010)81055316
反盗版热线：(010)81055315

李笑来在《财富自由之路》中提到,注意力是最宝贵的财富,注意力甚至比时间和金钱更重要。我深表赞同。

我们要把注意力用到能够产生价值的事情上。AIGC(Artificial Intelligence Generated Content,人工智能生成内容)这一波浪潮会带来哪些机会呢?

我先后在百度和京东做了8年产品经理,可以说比较完整地经历了移动互联网的成长期以及近两年业务增长缓慢的成熟期。

我知道选对一个行业对人的发展有多么重大的影响。当下,AIGC的快速发展是一个确定性的趋势,它让我看到了移动互联网刚开始发展时的影子,所以如果你想快速实现梦想,一定要抓住这波浪潮带来的机会。

我认为对普通人来说,AI领域有三个机会,大家要重点考虑。

(1)进入这个领域工作。类似于过去几十年互联网行业的发展,用不了多久市场上就会出现几个互联网独角兽(发展速度快、有前景的企业)。AIGC领域产品经理、大模型算法工程师、运营、提示词工程师等岗位目前的薪资都很高,但求职难度不是很高。

(2)使用AIGC技术通过自媒体/副业变现。为什么可以用AIGC做副业呢?因为AIGC是一场针对全行业的、以数据为驱动的、以提升生产力为目的的技术变革,AIGC可以极大地提高自媒体内容的生产力,可以提升副业变现、引流获客的效率。

同时AIGC技术本身也可以变现,如AI写作、AI绘画、AI声音克隆、AI短视频、AI数字人等，变现手段非常多元。

（3）使用AIGC提高工作效率。重复的工作内容、无意义的加班，是困扰很多职场人的问题。那如何解决这个问题呢？使用AIGC办公提效是一条不错的路径。

使用AIGC帮我们做PPT、写周报、制作思维导图、做数据分析、写文案等，可以提高我们的工作效率，缩短加班时长，极大地提升我们的幸福感。

作者
2025年2月

目录 CONTENTS

第 1 章 AI文本生成工具指南

- 1.1 常见的国内外文本生成工具　　010
  - 1.1.1 ChatGPT　　010
  - 1.1.2 文心一言　　010
- 1.2 提示词基础概念及进阶路径　　010
  - 1.2.1 什么是提示词（Prompt）　　011
  - 1.2.2 提示词相关的基础概念　　011
  - 1.2.3 提示词的学习路径　　014
- 1.3 提示词编写原则与技巧　　015
  - 1.3.1 编写提示词的原则　　016
  - 1.3.2 编写提示词的技巧——角色定义法　　022
  - 1.3.3 编写提示词的技巧——受众定义法　　023
  - 1.3.4 编写提示词的技巧——示例法　　025
  - 1.3.5 编写提示词的技巧——场景定义法　　027
  - 1.3.6 编写提示词的技巧——ChatGPT辅助提问法　　030
  - 1.3.7 编写提示词的技巧——限制约束法　　032
  - 1.3.8 编写提示词的技巧——输出格式法　　034
  - 1.3.9 编写提示词的技巧——逐步提问法　　037
- 1.4 输出结构化提示词　　039
  - 1.4.1 什么是结构化　　039
  - 1.4.2 标识符和属性词　　040
  - 1.4.3 结构化提示词模板（英文版）　　040
  - 1.4.4 结构化提示词的使用建议　　043
- 1.5 提示词的迭代和优化　　044
  - 1.5.1 需求分析　　044
  - 1.5.2 提示词设计思路梳理　　044
  - 1.5.3 输出初版提示词　　045
  - 1.5.4 提示词效果检验　　045
  - 1.5.5 提示词调整　　047
  - 1.5.6 提示词定稿　　055

第 2 章 AI图片生成工具指南

- 2.1 AI绘画应用场景　　059
  - 2.1.1 游戏开发　　059
  - 2.1.2 电影和动画　　059
  - 2.1.3 设计和广告　　059
  - 2.1.4 数字艺术　　059
- 2.2 常见AI绘画工具介绍　　060
- 2.3 Stable Diffusion的安装、基础功能和图片生成的完整流程　　060
  - 2.3.1 Stable Diffusion的安装方法　　060
  - 2.3.2 Stable Diffusion文生图基础功能　　061
  - 2.3.3 Stable Diffusion图生图基础功能　　062
  - 2.3.4 文生图：图片生成的完整流程　　064

2.3.5 图生图：图片生成的完整流程　066

2.4 Stable Diffusion 正反向提示词撰写技巧　068
2.4.1 什么是 AI 绘画提示词　069
2.4.2 Stable Diffusion 提示词的分类　069
2.4.3 如何撰写 Stable Diffusion 的提示词　071

2.5 Lora　072
2.5.1 什么是 Lora　073
2.5.2 Lora 的使用技巧　073

2.6 ControlNet 简介　074
2.6.1 什么是 ControlNet　074
2.6.2 ControlNet 的参数解析　075

2.7 ControlNet 教程详解　076
2.7.1 姿势控制　076
2.7.2 风格约束　079
2.7.3 重绘——inpaint　081
2.7.4 线条约束　081
2.7.5 空间深度约束——depth　086
2.7.6 物品种类约束——seg　086
2.7.7 特效——ip2p 模型　086
2.7.8 给照片增加细节——tile 模型　087

2.8 Midjourney 使用操作指南　088
2.8.1 开始使用 Midjourney　089
2.8.2 Midjourney 基础功能介绍　089
2.8.3 Midjourney 基本操作命令　094
2.8.4 Midjourney 生图类的命令　095
2.8.5 Midjourney 后缀参数　098

第 3 章
AI 视频生成工具指南

3.1 基础 AI 视频生成工具介绍　100
3.1.1 Runway　100
3.1.2 Pika　100

3.2 AI 视频生成工具使用教程　101
3.2.1 Runway 使用教程　101
3.2.2 Pika 使用教程　106

第 4 章
用 AI 快速输出思维导图

4.1 借助 ChatGPT 生成　112
4.1.1 用 ChatGPT 生成思维导图文字内容　113
4.1.2 保存成 markdown 格式　114
4.1.3 导入 AI 思维导图工具　114

4.2 用思维导图软件自带 AI 功能生成　116

第 5 章
用 AI 高效制作 PPT

5.1 一份优秀 PPT 的特点　119
5.2 AI 工具——爱设计　119

第 6 章
用AI帮我们写周报

6.1 优秀周报的内容　125
6.2 优秀周报生成方法——使用简化版提示词　125
6.3 优秀周报生成方法——使用结构化提示词　127

第 7 章
AI辅助解决工作沟通问题

7.1 AI辅助撰写邮件　131
7.2 AI辅助发工作微信消息　132
7.3 AI辅助撰写公关文案　133
7.4 AI辅助回复客服消息　134

第 8 章
AI辅助用户调研并输出用户画像

8.1 用户调研的步骤　137
8.2 定性和定量研究的适用场景及优缺点　138
　　8.2.1 定性研究　138
　　8.2.2 定量研究　138
8.3 使用AI输出用户画像的完整流程　138
　　8.3.1 案例背景说明　139
　　8.3.2 输出访谈提纲　139
　　8.3.3 利用AI工具做用户访谈　139
　　8.3.4 使用Stable Diffusion输出用户画像　142
　　8.3.5 整合信息，以形成完整版用户画像　142

第 9 章
用AI快速总结图书/报告

9.1 使用AI工具总结图书　144
　　9.1.1 对整本书进行归纳总结　144
　　9.1.2 对某一章进行总结　145
　　9.1.3 对某一个关键点发问　147
9.2 使用AI工具总结报告　148

第 10 章
用AI做数据分析

10.1 使用AI让文章变表格　151
10.2 使用AI让表格变文章　154

第 11 章
AI辅助英语对话练习

11.1 用AI做英语口语对话练习　157
　　11.1.1 用户输入文字，ChatGPT输出语音　157

11.1.2 用户输入语音，ChatGPT
输出语音　　　　　　　　158
11.2 用AI做英语文字对话练习　　159

第12章
用AI输出高质量广告策划

12.1 AI辅助分析市场　　　　　　162
12.2 AI辅助进行产品介绍　　　　164
12.3 AI辅助构思广告语　　　　　165
12.4 AI辅助生成广告策划案　　　166

第13章
用AI批量生成爆款文章

13.1 AI辅助批量找选题　　　　　170
　　13.1.1 爆款选题的八大特点　　170
　　13.1.2 爆款选题结构化提示词模板　171
13.2 AI辅助撰写文章大纲　　　　172
　　13.2.1 文章大纲遵循的7个思考框架　172
　　13.2.2 文章大纲结构化提示词模板　173
13.3 AI辅助撰写整篇文章　　　　175

第14章
AI辅助高质量简历制作

14.1 使用提示词通过ChatGPT生成简历　179
　　14.1.1 梳理特定岗位的简历模板　179
　　14.1.2 基于简历模板，将内容替换成
　　　　　真实信息　　　　　　　185

14.1.3 不断完善　　　　　　　185
14.2 直接通过简历制作平台的AI工具生成
简历　　　　　　　　　　　186

第15章
AI辅助模拟面试及面试题目准备

15.1 AI针对岗位招聘要求和简历出题　189
15.2 AI针对高频面试题目给出参考答案　192
　　15.2.1 工作中遇到的最大困难是什么？　194
　　15.2.2 AI产品经理和传统产品经理的
　　　　　区别是什么？　　　　195

第16章
AI副业变现案例

16.1 AI在文本领域的变现案例　　198
　　16.1.1 提示词定制　　　　　198
　　16.1.2 公众号爆款文章撰写　201
　　16.1.3 简历修改　　　　　　203
16.2 AI在绘画领域的变现案例　　206
　　16.2.1 微信表情包制作　　　206
　　16.2.2 婚礼迎宾牌定制　　　209
　　16.2.3 漫画小说视频制作　　211
　　16.2.4 写真照定制　　　　　213
　　16.2.5 服装模特图制作　　　216
16.3 AI在声音领域的变现案例——声音克隆　218
16.4 AI在数字人领域的变现案例　220
　　16.4.1 AI数字人讲儿童英语　220
　　16.4.2 AI数字人讲国学　　　223

CHAPTER ONE

第 1 章

AI文本生成工具指南

本章主要讲解如何正确、高效地与大模型进行自然语言对话,从而帮助我们实现各种各样的目标。

1.1 常见的国内外文本生成工具

在正式学习之前,我们先来系统了解一下国内外常见的对话类大模型工具。本节重点讲解两款,它们各有优劣,大家可以结合自己的实际情况选择。

1.1.1 ChatGPT

学习AIGC,不得不提的一款产品就是ChatGPT。它是由OpenAI开发的一款基于GPT（Generative Pre-trained Transformer,生成式预训练变换器）模型的人工智能聊天机器人。

第一版GPT于2018年发布,当时并没有引起太大的轰动。而ChatGPT-3.5的发布,特别是ChatGPT-4的发布,凭借其强大的语言理解和生成能力、多语言支持等诸多优点彻底点燃了AIGC这个行业。

但是ChatGPT在某些情况下可能会产生偏差或不准确的信息,以及对实时数据或事件的反馈不够及时。

1.1.2 文心一言

文心一言是由百度于2023年推出的大语言模型,基于百度多年积累的自然语言处理技术。

文心一言能够进行复杂的自然语言理解和生成,具有支持多轮对话、文本摘要、情感分析等功能。相比ChatGPT,文心一言拥有强大的中文处理能力,因为它特别优化了对中文语境的理解。

它在信息检索、对话系统、内容创作等方面有广泛应用,特别是在中文语言处理方面展现出较强的能力。

笔者的使用体验是:与其他国内大模型相比,当前文心一言在帮助我们创作稿件(比如创作小红书文案、写知乎答案等)中的启发性及可用性是很理想的。

除了以上两款软件,大家也要多支持国内的其他大模型,比如通义千问(阿里)、豆包（字节跳动)、智谱清言、混元大模型（腾讯）、百川大模型、讯飞星火等。

1.2 提示词基础概念及进阶路径

大家可以把大模型当作个人助理,它可以帮我们做非常多的事情。那么如何与大模型对话，准确传达需求呢？这就是接下来要讲的内容——提示词。

1.2.1 什么是提示词（Prompt）

很多初学者会纠结什么是提示词，也有很多小伙伴在各个平台看到"Prompt"这个概念时很疑惑。Prompt和提示词是什么关系呢？其实是一回事，Prompt就有提示的中文含义，如图1-1所示。

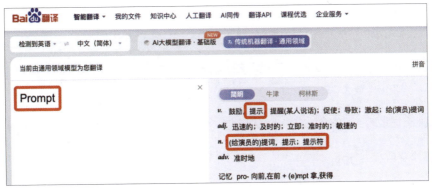

图 1-1

Prompt的意思是"（给演员的）提词，提示；提示符"。比如演员在唱歌、演戏等场景下需要提示词或者提词器，从而按照提示词的内容讲话。这跟与大模型对话的场景是类似的，大模型需要我们给一些提示，提醒它按照我们的详细要求输出答案。

1.2.2 提示词相关的基础概念

1. 提示词

提示词是用户给大语言模型输入的内容，用来引导模型生成期望的输出结果。

2. 提示词工程

提示词工程（Prompt Engineering）是指通过设计特殊的提示词来激发模型的涌现能力。这种方法不需要对模型进行额外的训练，只需要通过设计合适的提示词来引导模型完成特定任务。

简单来说，提示词工程就是通过优化和调整提示词来改善模型输出的技术。这包括但不限于设计更有效的提示词，使用不同的语言和文化背景来优化提示词，以及结合具体任务要求和模型特性调整提示词等方式。

3. Zero-shot

Zero-shot（零样本）可以理解为：不给大模型任何提示，直接提问，让大模型自己做决策。例如，你可以给模型一个提示，让它翻译一句话、给出一个词的解释，或者生成一首诗。

4. Few-shot

Few-shot（少样本）是指给模型提供一些示例或上下文，来引导模型更好地完成任务的方法。这些示例或上下文可以作为模型的条件，来影响后续的输出。

Few-shot可以简单理解为：在提问之前，先给大模型一个示例和解释让它学习和模仿，从而在一定程度上赋予它泛化能力。

我们在后续的学习中会经常使用这种方法。

5. 逐步 Zero-shot

逐步 Zero-shot 是指一种利用大语言模型进行推理的方法，它让模型自动生成多个中间步骤或过程，然后根据这些步骤或过程来生成结果。

逐步 Zero-shot 可以让模型更好地理解问题的含义和范围，更接近人类的思考方式。

在第一阶段，模型首先对问题进行拆分并分段解答问题。

在第二阶段，模型进行答案的汇总。

我们在后续的学习中也会经常使用这种方法。

6. 思维链

思维链是一种利用大语言模型进行推理的方法，它通过给模型提供一些中间步骤或过程，来引导模型生成期望的结果。

思维链的本质是利用模型的生成能力和涌现能力，来解决一些复杂或特殊的问题，如数学应用题、常识推理等。

思维链的本质是将复杂任务拆解为多个简单的子任务，它指的是一个思维过程中的连续逻辑推理步骤或关联的序列，是思维过程中一系列相互关联的想法、观点或概念的串联。思维链通常用于解决问题、做决策或进行推理。

它可以按照逻辑顺序连接和组织思维，将复杂的问题分解为简单的步骤或概念，从而更好地理解和解决问题。

> **注意**
> 大家目前只需要了解第3点至第6点的含义。但是大家如果后续想成为AIGC产品经理、提示词工程师、大模型算法工程师等，就需要对这些名词有深入的理解。

7. Token

除了以上概念，还有一个概念是大家一定要掌握的，这个概念就是：Token。如果不搞清楚这个概念，后续我们学习提示词编写技巧以及与大模型对话时效果会不理想。

那到底什么是Token呢？

ChatGPT是一个很会讲故事和回答问题的机器人，但是它读和说都有一个规则：它每次只能看或说一小块的词或字。这个小块被称为"Token"。

在大语言模型中，Token是指文本中的一个最小单位。通常，一个Token可以是一个单词、一个标点符号、一个数字、一个符号等。

比如，在ChatGPT眼里，"This is a girl."被拆分成了5个Token，分别是：This is a girl.

相信大家对Token的概念有了大概了解。

不知道大家有没有遇到过一个问题：在与ChatGPT聊天时，刚开始它可以记住之前说了什么，但是聊多了，前面的内容它好像就不记得了。这就是所谓"ChatGPT有一个输出的上限"，原因来自Token的限制。

为什么会出现这种情况呢？

先明确两个概念。

- **对话**：你说一句，ChatGPT说一句，这是1轮对话。图1-2所示就是两轮对话。

- **会话**：只要你不点"New Chat"，无论你和ChatGPT聊多少轮，整个聊天记录就是1个会话。

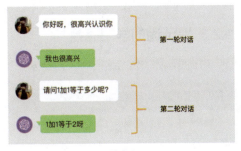

图1-2

当你开始对话时，每一轮对话都会累计增加Token的总数量。为什么呢？

看似是你说一句话，ChatGPT回一句话，但是ChatGPT需要**依赖上下文而产生新的对话**，如图1-3所示。

每当你说一句话，所有参与对话的Token都会被计算在内，包括你说的话和ChatGPT的回答。

图1-3

因为大模型在训练和推理时需要消耗大量的内存和计算资源，而这些资源是有限的，所以Token会有数量限制。这个限制就是"最大Token数"，它限制了ChatGPT在单轮会话里最多能处理多少Token。如果Token数量没有限制，会占用大量的内存和降低回复的效率。

在一个会话中，网页版ChatGPT-3.5的Token上限是8191，ChatGPT-4的Token上限是32 767。正是因为有这个限制，为了得到更好的答案，**我们在编写提示词时一定要精简**。

1.2.3 提示词的学习路径

对于提示词的学习路径，这里总结了三个阶段，对应的要求如表1-1所示。

表 1-1

阶段	要求	说明
初级	1. 掌握提示词基础概念，熟练使用各类国内外大模型进行对话 2. 能够使用市面上（包括本书中提到的）成熟的提示词解决现实中的问题，提高工作效率 3. 能够结合自己的使用场景对成熟的提示词模板进行一定程度的优化 4. 尝试使用场景定义法、受众定义法、逐步提问法等进行简单的提示词编写	如果大家只是想使用提示词工具解决日常的小问题，掌握到这个程度就可以了
中级	1. 掌握多种提示词框架的写作规范 2. 至少掌握 1～2 个经典提示词框架并能根据框架编写自己所需要的提示词 3. 能够根据大模型给出的答案，排查原因，并明确优化方向，不断迭代出稳定性高的提示词 4. 把提示词编写能力扩展成产品和服务能力，比如通过提示词编写能力变现或者成为 AIGC 产品经理和提示词工程师等	希望大家通过学习第 1 章，可以努力达到中级水平，相信绝大多数人能达到
高级	1. 学习 GitHub 上的各类高赞提示词相关教程、论文和专题，做到随时掌握新的编写框架和方法，并能引入自己的需求场景 2. 了解一定的自然语言编程提示词编写方法，在复杂场景中能做到连续逻辑的设计和锚定、回溯、整合输出 3. 了解 prompt tuning 方法和框架 4. 能通过 prompt leaking 测试竞品和自己的提示词防御能力 5. 紧跟 prompt attack 相关前沿知识并随时修补自己的提示词产品城墙	如果大家在做或者以后想做 AIGC 算法工程师，可以努力进阶到高级水平

1.3 提示词编写原则与技巧

在掌握了提示词相关的专业术语之后，接下来我们学习提示词的编写原则与技巧，从而达到与大模型高效沟通的目的。

1.3.1 编写提示词的原则

在学习具体技巧前,大家首先要明确编写提示词必须遵循的三大原则,这是能够输出高质量提示词的前提和保障。

1. 指令一定要精简

因为大模型有Token限制,提示词也算在Token数量中,所以为了让大模型输出更多Token的答案,要精简提示指令。

使用**结构化的提示词框架**,可以精简提示词,后面深入展开介绍。

2. 指令必须是具体且明确的

如果不能提供上下文或者明确说清楚自己的需求,ChatGPT是很难给出你想要的答案的。所以下达的指令一定是**具体且明确的**。这是编写提示词一以贯之的原则。

比如你问ChatGPT:"请为我介绍一下云南",那你可能只会得到一个很笼统的回答,比如下面这个回答。

Q 薛老板:请为我介绍一下云南。

A ChatGPT:云南是中国西南部的一个省份,以其多样的民族文化、壮丽的自然风光和独特的历史遗迹而闻名。云南省地处亚洲的南部边缘,北接四川省,西连西藏自治区,东邻贵州省和广西壮族自治区,南接越南、老挝,是中国通往东南亚和南亚的重要门户。

地理与气候:
云南地形以山地和高原为主,拥有丰富的自然资源和生物多样性。这里气候多样,从北部的温带高原气候到南部的热带雨林气候,各种气候类型促使云南省内拥有极为丰富的动植物种类。

旅游资源:
云南的旅游资源极为丰富,包括世界自然遗产地如三江并流(金沙江、澜沧江、怒江的并流区域)、世界文化遗产地如丽江古城,以及许多国家级风景名胜区如大理、香格里拉、西双版纳等。这些地方以其独特的自然风光、历史文化和民族风情吸引着国内外游客。

经济发展:
云南经济的发展在很大程度上依赖于农业、旅游业和矿产资源。近年来,云南还致力于发展清洁能源、生物技术和新材料等高科技产业,以及推动与周边国家的经贸合作,力图打造成为连接中国与南亚、东南亚的区域性国际合作中心。

如果改成"请为我介绍**5条云南境内**的**经典徒步路线**以及**推荐理由**",就会得到相对具体的回答。

Q 薛老板:
请为我介绍5条云南境内的经典徒步路线以及推荐理由。

A ChatGPT:
云南省以其独特的自然景观、丰富的民族文化和多样的地形地貌,成为徒步旅行爱好者的天堂。以下是云南境内的5条经典徒步路线及其推荐理由。

1. 虎跳峡徒步
- 路线概述:从虎跳峡镇出发,经中峡到达华坪或沙湾村,全程约22公里。
- 推荐理由:虎跳峡是世界上最深的峡谷之一,徒步该路线可以近距离感受峡谷的壮观与金沙江的激流。

2. 玉龙雪山环山徒步
- 路线概述:围绕玉龙雪山进行,体验不同海拔和气候的变化。
- 推荐理由:可以欣赏到玉龙雪山的多个侧面,体验高山草甸和冰川的壮丽。

3. 梅里雪山转山
- 路线概述:从飞来寺开始,绕梅里雪山一周,通常需要8~9天。
- 推荐理由:路途中可以体验到纯粹的藏族文化,同时欣赏到梅里雪山的壮观景色。

4. 大理洱海徒步
- 路线概述:环绕洱海一周,途经多个民族村寨,体验自然景观。
- 推荐理由:结合了自然美景和民族文化的体验,适合想要边走边了解云南民族文化的旅行者。

5. 丽江到泸沽湖徒步
- 路线概述:从丽江出发,穿越山区和乡村,最终到达泸沽湖。
- 推荐理由:沿途可以欣赏到云南山区的自然风光和当地的文化。

看第一个答案你会发现:包含"地理与气候""旅游资源"等具有宏观性的词,但是每一块都介绍得不详细。

这是因为当你直接让ChatGPT介绍一下云南时,**它并不知道你会重点关注哪些信息,所以它为了尽可能满足你的需求,给出了一个广度足够但是深度不够的答案。**

但是,这么宽泛的答案真的是你想要的答案吗?

再来看第二个答案,其实对徒步爱好者而言,其更想知道去云南旅行,有哪些经典的徒步路线。所以这次的问题明确且具体,包含"5条""云南境内""经典徒步路线""推荐理由"等要素。

这次ChatGPT给出的答案应该非常符合徒步爱好者的要求了。

3. 使用恰当的词汇

在编写提示词过程中,我们每个人都有自己经常使用的词,并且自然而然地认为有些词是近义词,写哪一个都行,比如"总结文章主要内容"和"提取文章主要内容"、"转换"和"改写"等。

但是,ChatGPT理解的可能与我们认为的不一样。不同含义的词会显著改变ChatGPT的输出结果。因为这些词在它训练时可能已经携带了特定的语境或者上下文,所以在使用过程中ChatGPT输出的结果会有一些细微的不同。

先来看"总结文章主要内容"和"提取文章主要内容"。

比如以下来自《翦商:殷商之变与华夏新生》一书中的一段话,用**"总结"**和**"提取"**要求ChatGPT分别输出结果。

> 按照周公的理论,夏商周都是根据"天命"建立和更迭的,夏朝和商朝的多数君王,特别是开国君王,勤政爱民,得到天佑,只是因为末代的夏桀和商纣道德沦丧,这才天命转移,改朝换代。经过周公改造,商朝残酷的人祭行为被隐去,由此,周人之前的暴力时代也成了和周朝同质的德治王朝。
>
> 和周公的理论相配套,周人还重新创造了一套上古圣王的历史,尧舜禹的温情禅让从此成为华夏世界的标准版历史叙事,更早版本的商人的"创世记"和上古史则被取代和湮没,未能流传下来。当然,也可能有某些与周公原则不太冲突的内容被纳入了周人的历史叙事,但这些已经不易分辨。
>
> 孔子和儒家最推崇周公,而周公思想是儒家文化的源头。周公思想的产生和形成,主要源于对人祭宗教的恐惧,以及消灭人祭宗教的需要。这是后人从未勘破的秘密。

为了避免重复,以上内容将使用****替代。

下面是用"总结文章主要内容"提问时,ChatGPT给的答案。

Q 薛老板:

请总结以下这段话的主要内容:****

A ChatGPT：

本段内容主要讲述了周公对中国古代历史叙事的重大影响。首先，夏、商、周三个朝代的更迭被认为是按照"天命"来进行的，其中夏朝和商朝的末代君王因道德沦丧而导致天命的转移。周公在改造商朝遗留下来的制度时，废除了残酷的人祭行为，将周朝打造成一个德治王朝，并创造了一套以尧、舜、禹为代表的上古圣王历史，成为华夏世界的标准版历史叙事，而更早版本的历史则被取代。周公的思想被孔子和儒家极度推崇，成为儒家文化的源头，其思想的形成主要源于对人祭宗教的恐惧和需要消灭人祭宗教的观念。

下面是用"提取文章主要内容"提问，ChatGPT给的答案。

Q 薛老板：

请提取以下这段话的主要内容：****

A ChatGPT：

1. 夏商周的更迭遵循"天命"理论，夏朝和商朝的多数君王因勤政爱民而得天佑，但末代君王夏桀和商纣因道德沦丧而导致天命转移。
2. 周公改造后，废除商朝的人祭行为，将周朝建设为德治王朝，重新创造了以尧、舜、禹为代表的上古圣王历史叙事，取代了早期的商人"创世记"和上古史。
3. 孔子和儒家极度推崇周公，周公思想成为儒家文化的源头，主要源于对人祭宗教的恐惧和消灭人祭宗教的需求。

我们可以看到两者之间的差别。

对于"总结文章主要内容"，ChatGPT倾向于**"浓缩和改写原文"**，主要运用抽象提炼的能力，它会先将每个主要内容用一个短语概括，然后解释这段内容的意思。输出的内容可能不是原文。

对于"提取文章主要内容"，ChatGPT则倾向于**"获取原文中的关键信息"**，然后逐步展示主要内容，所以可以看到提取的结果更有条理，但是基本上都是原文。ChatGPT只是将原文的关键信息整理出来。

我们也可以直接向ChatGPT询问两者的区别，ChatGPT不但会告诉我们两者的区别，还会提醒我们如果希望获得更简洁的摘要，则使用"总结"；如果倾向于获取原文中的关键信息，则使用"提取"。

Q 薛老板：

使用"总结文章主要内容"和"提取文章主要内容"这两种提示词编写方式时，ChatGPT的输出结果会有哪些不同？

A ChatGPT：

1. 总结文章主要内容

— 这种提示词要求ChatGPT对文章的主要内容进行概括和总结，输出的内容通常更加精练和抽象化。

— 输出会侧重于概述文章的核心观点、主要论点或者故事情节，而非详细描述具体细节。

— 总结的目的在于提供一个清晰、简洁的文章概览，帮助读者快速把握文章的主旨和关键信息。

2. 提取文章主要内容

— 这种提示词要求ChatGPT从文章中直接提取关键段落或信息，输出的内容会更接近原文的表达和结构。

— 输出会包含文章中的具体信息、数据、实例或引用，但仍然会省略一些非关键性的细节。

— 提取的目的在于保留文章的重要信息和观点，同时去除次要信息，以便读者能够获得详细而准确的内容概括。

在这里主要想与大家说两点。

（1）提示词工程是非常系统化的。大家要想写出优质的提示词，需要不断地优化细节，不断地打磨自己的用词。

（2）平时一定要多学习优秀的提示词。当看到作者写的某些词与自己的习惯用语不一样时，要么直接问ChatGPT两个词的差异，要么像上面一样自己试运行一遍两个词并分析结果，然后不断优化自己的常用词。

看到这里可能有人会问：上面的方法对经验丰富的提示词工程师来说可能很简单，但是对新手来说会比较难上手，那有没有更简单的方法呢？

有，答案就是定义功能。

大家看，下面我对"提取"下了一个定义，定义的内容与ChatGPT给的"总结"定义是一模一样的。

Q 薛老板：

请提取三引号内的内容。

定义：

提取是指对文章进行概括的回答，将整篇文章的主要观点或内容进行提炼，以便读者能够快速理解文章的要点。

"""

****

"""

A ChatGPT：

按照周公的理论，夏商周都是根据"天命"建立和更迭的，夏朝和商朝的多数君王，特别是开国君王，勤政爱民，得到天佑，只是因为末代的夏桀和商纣道德沦丧，这才天命转移，改朝换代。经过周公改造，商朝残酷的人祭行为被隐去，由此，周人之前的暴力时代也成了和周朝同质的德治王朝。和周公的理论相配套，周人还重新创造了一套上古圣王的历史，尧舜禹的温情禅让从此成为华夏世界的标准版历史叙事，更早版本的商人的"创世记"和上古史则被取代和湮没，未能流传下来。当然，也可能有某些与周公原则不太冲突的内容被纳入了周人的历史叙事，但这些已经不易分辨。孔子和儒家最推崇周公，而周公思想是儒家文化的源头。周公思想的产生和形成，主要源于对人祭宗教的恐惧，以及消灭人祭宗教的需要。这是后人从未勘破的秘密。

我们再来看ChatGPT的答案，是不是与"总结"的答案非常像？

ChatGPT：

本段内容主要讲述了周公对中国古代历史叙事的重大影响。首先，夏、商、周三个朝代的更迭被认为是按照"天命"来进行的，其中夏朝和商朝的末代君王因道德沦丧而导致天命的转移。周公在改造商朝遗留下来的制度时，废除了残酷的人祭行为，将周朝打造成一个德治王朝，并创造了一套以尧、舜、禹为代表的上古圣王历史，成为华夏世界的标准版历史叙事，而更早版本的历史则被取代。周公的思想被孔子和儒家极度推崇，成为儒家文化的源头，其思想的形成主要源于对人祭宗教的恐惧和需要消灭人祭宗教的观念。

1.3.2 编写提示词的技巧——角色定义法

掌握了编写提示词的三大原则之后,接下来我们学习编写提示词的技巧,首先来学习**角色定义法**。

角色定义法是使用ChatGPT过程中最有用的方法之一。

在现实生活中,如果你遇到了一些问题,或者想要寻求一些答案,你会去找谁?

比如你最近在求职,并且想要转行,但是不知道什么行业有前景以及自己适合什么岗位,那你去寻找一个职业规划导师,从他那里获得靠谱答案的可能性较高。因为他是职业规划导师,说明他掌握了各个行业、各个岗位相关的大量信息,并且有帮助别人规划职业的经验。

同样地,我们在找ChatGPT咨询的时候,也可以让ChatGPT来扮演一个特定的角色。ChatGPT会从不同方面模仿这个角色,包括**技能、知识、思考和行为方式、回答的风格**等。

Q 薛老板:

请你扮演一个留学规划导师,我普通本科计算机专业,GPA 3.5+,雅思成绩6.5分,请帮我列出一个留学可以申请的学校、专业名单以及理由。

A ChatGPT:

作为你的留学规划导师,基于你的背景信息(普通本科计算机专业、GPA 3.5+、雅思6.5分),我会推荐以下几个方向和目标学校,同时会给出一些提高申请成功率的建议。

目标国家和学校选择

1. 英国

英国的教育体系对雅思成绩比较重视,6.5分的雅思成绩对于许多英国大学的研究生课程而言是一个可接受的分数。针对计算机专业的学生,以下几所学校可能是不错的选择。

- 曼彻斯特大学:提供计算机科学的硕士课程,该校在计算机科学和信息系统领域排名较高,对于GPA和语言成绩的要求相对合理。
- 伯明翰大学:计算机科学专业在该校也很强势,对国际学生的语言成绩要求相对宽松,雅思6.5分可以接受。
- 谢菲尔德大学:该校的计算机科学专业对国际学生友好,对GPA和雅思成绩的要求与你的情况相匹配。

2. 澳大利亚

澳大利亚的大学对于国际学生有较为宽松的申请条件,同时提供高质量的教育资源。计算机专业的学生可以考虑以下两所学校。

- 莫纳什大学：该校在IT领域排名很高，对于二本院校的学生较为友好，雅思6.5分能够满足其语言要求。
- 昆士兰大学：在计算机科学领域有很好的教学质量和研究资源，对于GPA和雅思成绩的要求与你的情况相匹配。

提升申请成功率的建议

- 语言成绩：尽可能提高你的雅思成绩，尤其是如果你考虑申请更高排名的大学，一般来说，雅思7.0分会让你的申请更加有竞争力。
- 实习和项目经验：积累相关的实习或项目经验，这对于申请计算机科学专业的研究生课程非常重要。
- 推荐信和个人陈述：准备高质量的推荐信和个人陈述，充分展示你的学术潜力、研究兴趣和职业目标。
- 研究计划或论文摘要：如果可能，准备一份研究计划或者你在本科阶段完成的相关论文摘要，特别是那些与你申请专业直接相关的。

最后，记得及早开始准备申请材料，并针对每所学校的具体要求进行定制化的申请准备。
预祝你申请成功！

总结一下，角色定义法就是：**（1）扮演某个角色；（2）完成某些任务**。

> **示例**
> （1）请你扮演一个减肥教练的角色，我身高175厘米，体重100千克，请帮我规划一个60天内减重10千克的减重方案，包括饮食和锻炼两个维度。
> （2）请你扮演一个职业规划导师的角色，我是普通本科化学专业毕业，有两年工作经验，职业是电池开发工程师，请帮我规划求职储能产品经理的求职路径以及需要学习哪些内容。

1.3.3 编写提示词的技巧——受众定义法

有时，我们不仅想让ChatGPT模仿某个角色，还想让它能针对特定的受众输出内容。比如自媒体有特定受众，生产的内容面向特定的受众，希望受众可以非常容易理解内容。这种针对某些受众进行提示词编写的方法就是**"受众定义法"**。

用这种提示方法，我们不需要告诉ChatGPT很复杂的规则，只需要让它知道"它在和什么样的用户对话"，它就能针对这个用户的画像自动调整输出的内容。

比如问ChatGPT：什么是相对论？

Q 薛老板：

什么是相对论？

A ChatGPT：

相对论是由阿尔伯特·爱因斯坦在20世纪初提出的物理理论，主要分为两部分：狭义相对论和广义相对论。

狭义相对论

狭义相对论于1905年被提出，它主要解决了牛顿物理学框架下对于时间和空间概念的局限性问题。狭义相对论基于两个基本假设。

1. 相对性原理：物理定律在所有惯性参考系中都是相同的，无论这些参考系的相对速度如何。

2. 光速不变原理：在所有惯性参考系中，光速在真空中的速度都是一个常数，不依赖于光源和观察者的相对运动。

狭义相对论引入了时间膨胀（观察者测量到的运动物体的时间比静止物体的时间流逝得更慢）和长度收缩（运动物体的长度在运动方向上会缩短）的概念，以及质能等价公式（$E=mc^2$），表明质量和能量是可以互相转换的。

广义相对论

广义相对论是在1915年提出的，是对狭义相对论的扩展，主要涉及引力的理论。广义相对论将引力视为时空的曲率，而这种曲率是由物质和能量的分布引起的。它的核心思想如下。

- 等效原理：局部观察到的引力效应与加速度是无法区分的。

- 时空曲率：物质和能量能够表明时空如何弯曲，而时空的弯曲则表明物质如何移动。

广义相对论成功预测了许多现象，如水星近日点的进动、光线在重力场中的偏折（引力透镜效应）以及时间膨胀的引力效应。它也是现代宇宙学理论的基础，对理解黑洞、宇宙大爆炸以及引力波等现象至关重要。

总的来说，相对论不仅改变了我们对时间和空间的基本理解，也是现代物理学的一个基石，对宇宙学、粒子物理学和天体物理学等领域有着深远的影响。

答案里面有许多专业名词，比如"时间膨胀""引力效应""黑洞""引力波"等，如果我们作为一个入门者想要搞清楚相对论的概念，我们可能需要与ChatGPT进行多轮对话，比如要问它什么是时空曲率，时空为什么会弯曲，等等。

这时候我们就可以针对性地改一下提示词，比如：请为一个8岁的小朋友解释什么是相对论。

Q 薛老板：

请为一个8岁的小朋友解释什么是相对论。

A ChatGPT：

好的，想象一下，如果你在玩飞碟或者光剑游戏，你会看到光在四处移动，对吧？相对论就是一种帮助我们理解光是如何移动，以及它是如何影响时间和空间的规则。

想象你有一盏非常特别的手电筒，这盏手电筒的光速非常快，快到它可以绕地球好几圈，只需要一秒钟。阿尔伯特·爱因斯坦发现，不管我们怎么跑、怎么跳，或者怎么飞，这盏手电筒的光速总是一样的，从不改变。

现在，让我们想象一下，如果你在一个火车上玩球，当火车移动时，你向前扔球，球看起来就像是直接向前飞。但如果有人在火车站外面看你扔球，他们会看到球在向前移动的同时，也跟着火车一起向前走。这就是"相对"的意思——事物会因为你站的位置不同而看起来不同。

爱因斯坦告诉我们，当事物（就像那个球）移动得非常快，接近光速的时候，时间会变慢，而且事物会看起来比平时短。这听起来很奇怪，但这就是相对论的魔法！

所以，相对论就是这样一个有趣的想法集合，它帮助我们理解光是如何移动的、时间和空间是如何因为快速移动的东西而改变的，以及为什么行星会围绕太阳转。这听起来可能有点复杂，但记住，就像你在游戏中探索新世界一样，科学也是一个探索宇宙的大冒险！

看！差别是不是很明显？如果公众号是给少儿做科普的，是不是可以直接使用ChatGPT输出的答案呢？

和"角色定义法"一样，你可以把"受众定义法"理解成一种打造相对可控的输出风格的方法。在写提示词时可以多使用它。

总结来说，受众定义法就是：**（1）我是谁或者请为谁；（2）执行什么任务**。

> **示例**
> （1）我是一个物理、化学入门者，请为我解释锂离子电池为什么可以充电和放电。
> （2）请为大唐皇帝李世民，解释清楚什么是互联网。

1.3.4 编写提示词的技巧——示例法

继续看第三个提示词技巧：示例法。

以工作场景为例，如果你想让实习生写一份竞品分析报告，但是他从来没写过，最后交上来的工作成果可能很难达标。

但是，如果你给实习生一份优秀的竞品分析报告（里面详细罗列了竞品分析的格式、内容逻辑、分析维度、结论的撰写方法）做参考，你很可能拿到一份高质量的报告。

同理，你如果想让ChatGPT帮你输出一个高质量的答案，也可以提供示例，来让它学习和理解它将要输出的内容。

这种做法也叫"**少样本（Few-shot）**"提示。接下来我会用几个例子来介绍这种技巧。

做自媒体的人知道，一个优质的标题对文章/帖子的阅读量有决定性的影响，所以在内容生产中我们需要花50%~60%的时间思考标题。

那可不可以让ChatGPT帮我们批量生成爆款选题呢？当然可以！但是针对每一个垂直领域，ChatGPT不一定知道爆款选题是什么样的，这时候我们就需要给它参考案例。

比如我的核心业务是帮助想要求职AIGC产品经理的候选人成功入职，我会在小红书上持续输出类似的内容，所以我的核心诉求是让ChatGPT帮我输出10个小红书的爆款选题。

我们先来看一下不加案例的输出效果。

Q 薛老板：
请帮我生成10个AIGC产品经理求职方向的爆款小红书选题。

A ChatGPT：
1.AIGC行业现状与未来：深入解析，为产品经理指明职业发展之路
2.如何成为顶尖AIGC产品经理：必备技能与思维模式全解析
3.AIGC项目案例分析：从零到一的产品经理实战之旅
4.AIGC产品经理的日常：工作流程、挑战与应对策略大公开
5.跨界人才如何进入AIGC领域：非科班背景产品经理的成功转型指南
6.AIGC产品经理面试宝典：面试官最爱问的问题与应对技巧
7.AIGC创新产品设计思维：如何打造让市场惊艳的产品
8.从数据到决策：AIGC产品经理如何利用大数据指导产品开发
9.AIGC行业趋势分析：产品经理如何捕捉下一个风口
10.AIGC技术背后的伦理挑战：产品经理如何平衡创新与责任

大家可以结合自己擅长的方向用这个提示词生成选题，然后看看效果。因为我自己对AIGC产品经理求职领域非常熟悉，对爆款帖子也非常了解，所以我清楚在小红书这个平台上

用类似ChatGPT输出的选题是很难火的。也就是说，如果直接让ChatGPT生成选题，答案的可用性比较低。

接下来，我们再看ChatGPT参考案例后的输出效果。

Q 薛老板：
你作为一个小红书爆款选题生成专家，请以下5个案例为参考，帮我生成4个AIGC产品经理求职方向的爆款小红书选题。

Q 案例：
1.今天面试了一个985的硕士，文本生成产品经理岗位

2.今天面试了一位985硕士，大模型方向项目扎实

3.分享一个超级有用的国内外AI产品榜单

4.惊艳我的"00后"，今天面试了一个985硕士产品实习生

5.今天聊了个大模型的岗位，当场被夸！！！

A ChatGPT：
1. AIGC产品经理求职攻略：如何在面试中脱颖而出？

2. 转型AIGC产品经理，这些行业知识你必须知道！

3. 从零到一：我是如何成为AIGC产品经理的？

4. AIGC产品经理的日常：解锁工作背后的秘密

以上案例都是我自己在小红书上找到的浏览、点赞、收藏、评论数据表现非常好的标题。大家可以看到AIGC给我输出的几个选题不管是在写作风格上还是在造句方法上都与我提供的案例相类似，可以说是对我提供案例的改写，说明ChatGPT认真学习了我提供的案例。

总的来说，示例法就是：**（1）请帮我完成什么任务；（2）提供参考案例**。

1.3.5 编写提示词的技巧——场景定义法

设想一个场景，在工作中我们交代别人完成任务时，是不是交代清楚任务背景，完成任务的人会更好地理解任务并更高质量地完成任务呢？

要求ChatGPT帮我们完成任务，其实是一样的。

所以，下面介绍第四个提示方法：**通过设定或者描述一个场景，让ChatGPT可以输出更加个性化的内容。**

这就是场景定义法,也就是为ChatGPT提供一个具象的场景(也就是上下文),让它输出答案。

比如我最近在纠结要不要读研,如果我什么背景信息都不提供,直接问ChatGPT我要不要读研,它给出的答案是没有任何针对性的。

Q 薛老板:

请问我要不要考研?

A ChatGPT:

决定是否考研(研究生入学考试)是一个重要且个人化的决定,需要考虑多方面的因素。下面我列举一些考虑因素,帮助你做出决策。

个人职业目标

- 职业要求:你追求的职业是否要求具有研究生学历?
- 兴趣与热情:你是否对某个领域有浓厚的兴趣,希望通过深造获得更专业的知识?

教育与学习

- 知识深度:你是否觉得本科教育提供的知识深度和广度满足不了你的需求?
- 学术研究:你是否对学术研究有浓厚的兴趣,希望在某个领域做出自己的贡献?

职业发展

- 职业晋升:在你的目标行业或职位中,研究生学历是不是晋升的必要条件?
- 薪资预期:你是否期望通过获得更高的学历来实现薪资的增长?

个人情况

- 时间和精力:你是否有足够的时间和精力投入研究生学习中?
- 经济条件:你是否有足够的经济条件支持研究生阶段的学习和生活?

综合考虑这些因素后,如果你认为研究生教育能够显著地帮助你实现个人和职业目标,那么考研可能是一个不错的选择。如果你对未来的方向还不够清晰,或者觉得通过其他途径也能达到目标,那可能你需要更多时间来权衡利弊。

大家可以看到ChatGPT并没有给我一个针对性的答案,而是给了一个思考框架。也许每个人这么问,它都会给类似的建议。

因为我没有给ChatGPT太多的背景信息,它是没办法给出针对性建议的。

但是如果把自己当前的处境[拿到了一个年薪30万元的产品经理offer(录用通知

书），未来不打算走科研这条路，想一直做产品经理，这个岗位对于学历要求不高等]告诉ChatGPT，那它给的答案就非常有针对性。

Q 薛老板：
我是一个即将毕业的211本科大学生，目前已经拿到一个年薪30万元的产品经理offer，未来不打算走科研这条路，想一直做产品经理，这个岗位对于学历要求不高，但是家里人一直催我考研，请问我是直接工作还是去读研呢？

A ChatGPT：
根据你的情况，你已经拿到了一个相对理想的产品经理offer，且你明确表示未来职业规划不包括科研方向，而是希望继续在产品经理这一领域深耕。同时，你也提到了对于产品经理这一岗位来说，学历要求并不是特别高。基于这些信息，我们可以从以下几个角度来考虑。

直接工作的好处
- 实践经验：产品经理角色非常注重实践经验和项目管理能力，直接工作可以让你迅速积累这方面的经验。
- 职业发展：早一点开始工作，意味着你可以更早地开始你的职业发展路径，包括晋升、跳槽等。
- 经济独立：年薪30万元的offer对于应届毕业生来说非常不错，可以让你实现经济独立，也可以开始为自己的未来积累资金。

读研的考虑
- 深化知识：虽然当前岗位对学历要求不高，但研究生学习可以帮助你在某些领域深化知识，提升自己的竞争力。
- 网络扩展：研究生学习也是一个扩展人脉、建立专业网络的好机会。
- 未来可能性：虽然目前你不打算走科研路线，但读研可以为你未来可能发生的转变提供更多可能性，比如未来某一天你想从事更高层次的管理或者转向技术岗位等。

建议
鉴于你目前的情况和职业规划，如果你对产品经理这一职位充满热情，并且认为目前拿到的offer可以为你提供良好的成长空间和职业发展前景，那么选择直接工作是一个非常合理的选择。这可以让你立即开始在实践中学习和积累经验，同时也能够让你更早地明确自己的职业发展方向和目标。

同时，可以考虑未来在工作中通过业余时间学习或参加工作坊、在线课程等方式持续提升自己，也可以考虑未来在职读研的可能性，这样既不会错过目前的好机会，也为自己留下了进一步提升的空间。

可以看到,ChatGPT基于我的实际情况做了一个客观全面的评价,相信对很多人来说还是很有参考价值的。而且并不是说选择了一种就一定要放弃另一种,要保持开放的心态,兼顾未来的各种可能性。

场景定义法的使用方法:(1)假设某个场景或者在某个场景/情况下;(2)请执行任务。

> **示例**
>
> (1)我喜欢一个女孩很久了,她喜欢红色玫瑰花,也喜欢看电影,你给我一些建议:如何进行表白?选择什么地点以及什么方式?
>
> (2)我今年的绩效考核是B,在组内10个员工中,我的业绩排名是第3,现在领导找我去办公室谈话,我想要向他争取一下晋升或者涨薪,应该如何准备这次谈话来更好地达成目标?

1.3.6 编写提示词的技巧——ChatGPT辅助提问法

看完上面的几种方法,可能依然有很多读者不知道如何向ChatGPT提问,接下来教大家一种方法:ChatGPT辅助提问法。

运用这种提示方法,可以让ChatGPT帮助我们改进提示词,以便更好地提问。

这个方法的基本理念是,ChatGPT这种大语言模型是通过大量的文本、语法和多种结构化信息训练的,如果我们给它一个问题,让它针对我们的问题提一些建议,**它就会通过它的训练语料帮助我们完善这个问题,增加相关联的词汇或者帮助我们补充合适的上下文。**

就好比ChatGPT是一个阅读了很多书的专家,当你有一个问题或者需要建议时,你可以去问他。他会根据他读过的所有书来帮助你更好地表达你的问题,可能会加入更专业或者更相关的词语,也可能会提供一些背景信息来让你的问题表述更加清晰。

比如,如果我直接问ChatGPT: 我应当离职吗?

从1.3.5 小节中其实我们可以习得一个经验,这么宽泛的提问其实是很难得到一个高质量、个性化的答案的。

但是很多读者可能不知道该从哪些维度去完善自己的提问,这时候就可以直接借助ChatGPT来辅助优化提问。

Q 薛老板：

我应该离职吗？请帮我提出一个更好的问题来辅助我进一步思考，并询问我是否愿意使用它。

A ChatGPT：

决定是否离职是一个非常个人化且复杂的问题，它依赖于多种因素，包括职业满意度、职业发展机会、工作环境、个人生活状况等。在做出决定之前，我建议你考虑以下更具体的问题，这些问题可以帮助你更深入地思考和评估你当前的职业状况。

1. 我目前的工作是否让我感到满意和快乐？
— 这个问题可以帮助你评估你的职业满意度，包括工作内容、公司文化、同事关系等方面。

2. 我在目前的工作中还有成长和晋升的机会吗？
— 考虑你的职业发展路径和未来的晋升机会，评估是否还有空间和潜力继续在当前职位或公司发展。

3. 我是否能够平衡好工作与个人生活？
— 工作与生活的平衡对于长期的职业发展和个人幸福感都非常重要。

4. 如果我决定离职，我的下一步计划是什么？
— 在考虑离职之前，思考你的职业目标和计划，以及你打算如何达到这些目标。

5. 我是否已经尽力解决了目前工作中的问题？
— 在考虑离职之前，评估是否已经采取措施尝试解决当前的工作挑战和不满。

请考虑这些问题，并告诉我你是否愿意使用它们来帮助决策。

ChatGPT会给我思考这个问题或者找它提出问题的框架，以帮助我提出更好的问题，并根据ChatGPT的建议优化提出的问题。比如我提出以下问题。

Q 薛老板：

我目前的工作时常让我感到不快乐，工作内容枯燥无味，没有挑战性，公司文化缺乏创新；公司职位的晋升不是看个人能力，而是熬资历，我个人认为自己短时间内晋升的机会不大；虽然日常工作比较轻松，我可以很好地平衡工作和生活，但是我还是想尝试换到更有发展前景和挑战的行业，比如AIGC领域。请问我应该离职吗？

我把更改后的问题再次发给ChatGPT，它就会根据我的实际情况，给出一个相对客观的建议。

这个技巧可以帮助那些不知道如何向ChatGPT提问的读者更好地描述问题，也就是学会提问。**这个技巧可以让我们提出更好的问题，写出更好的提示词。**

使用方法

每当我提出一个问题时，帮助我构思一个更好的问题。这个句式并非为固定的方式，表达出"希望ChatGPT帮你把你提出的问题修改为一个更好的问题"即可。

示例

（1）我是否应该继续追求我喜欢的女生，帮我构思一个更加完善的问题来帮助我继续思考。

（2）我是否应该转行做新能源汽车智能座舱产品经理，请帮我想一个更加完善的问题让我继续深入思考。

1.3.7 编写提示词的技巧——限制约束法

有时候ChatGPT给我们的答案并不一定符合预期，这时我们可以加一些**限制/约束条件**，即让ChatGPT在给定的约束条件下回答，这就是限制约束法。

我没有加任何限制条件，ChatGPT给我的回答是这样的。

Q 薛老板：
最近我在面试，大学期间我运营过一个公众号，请问该如何向面试官介绍这个项目？

A ChatGPT：
当面试官询问你在大学期间运营的公众号项目时，你可以从以下几个方面进行介绍。

1. 项目背景：简要介绍公众号的名称、宗旨以及你所从事的运营工作。你可以概括公众号的主题和目的，让面试官了解项目的基本背景。

2. 规模和影响力：谈论公众号的关注人数、阅读量、互动情况等数据，以展示该项目的规模和影响力。例如，你可以提及公众号的粉丝数量、阅读量的增长趋势等信息。

3. 实际工作内容：详细描述你在公众号项目中承担的工作职责和具体操作，如内容策划、编辑、推广、与读者互动等。可以举例说明你是如何提高内容质量、增加互动和粉丝黏性等的。

4. 取得的成就：分享公众号项目取得的成就和你个人的成长经历。例如，曾经策划过哪些受欢迎的活动或话题，或者解决过哪些难题并取得了怎样的成果。

我个人认为这个答案还是有参考价值的，但是整体比较零散，不成体系，而且需要我自己花时间组织具体话术。

我接着加了一个限制条件。

Q 薛老板：

最近我在面试，大学期间我运营过一个公众号，请问该如何向面试官介绍这个项目？注意：需要使用STAR法则，并给出每一部分的参考话术。

A ChatGPT：

你在面试中面对这个问题时，可以使用STAR法则进行介绍。

Situation（情境）

"在大学期间，我参与了一个名为[公众号名称]的公众号运营项目，该公众号专注于[领域/主题]，吸引了大量关注者并积累了一定的影响力。"

Task（任务）

"我的任务是负责公众号的内容策划、编辑、推广和与读者的互动。我致力于为关注者提供有价值的内容，同时提升公众号的知名度和影响力。"

Action（行动）

"为了实现这些目标，我持续关注行业动态，精心策划并创作了大量优质内容，并积极参与线上活动和读者互动，与读者保持紧密的沟通。"

Result（结果）

"通过我的努力，公众号的关注人数逐渐增长，阅读量和互动度不断提升。我们成功举办了一些备受欢迎的活动，进一步提升了公众号的知名度和影响力。这段经历锻炼了我的团队合作与执行能力，并且取得了令人满意的效果。"

以上是根据STAR法则给出的话术，希望能对你有所帮助。祝你面试顺利！

我更喜欢这个答案，其不光采用了STAR法则，更符合面试这个场景；而且给我提供了参考话术，我稍微优化一下就可以直接使用。

当然，**限制条件可以是多种多样的。**

Q 薛老板：

请帮我输出5个与简历相关的爆款小红书选题。

A ChatGPT：

当谈到简历，可以设计一些吸引眼球的标题，比如：

1. 简历不仅仅是一张纸！教你打造让HR眼前一亮的简历
2. 揭秘简历审阅员最爱看的亮点，怎样让你的简历脱颖而出？
3. 简历里的自我介绍应该如何写？别让HR看过就忘！
4. 简历里的技能点是关键！如何让你的技能点成为亮点？
5. 实习经验不足，如何巧妙表现？简历也能大放异彩！

以上是ChatGPT给我的第一版答案，但是小红书标题最多20个字，这是平台的规则。因为标题字数有限，我不希望标题中有逗号占用字符，所以我给了一些限制条件。

Q 薛老板：

请帮我输出5个与简历相关的爆款小红书选题。

限制：

（1）每个标题不能超过20个字；

（2）每个标题中不要逗号。

A ChatGPT：

当然可以帮你，这里有5个与简历相关的爆款小红书选题。

1. 简历魔法：如何让HR眼前一亮？
2. 简历技能大揭秘：你的技能点够吸睛吗？
3. 自我介绍靠谱指南：让简历更有温度。
4. 简历创意搭配：如何提升个性化和吸引力？
5. 实习经验怎么写：让简历更具说服力？

1.3.8 编写提示词的技巧——输出格式法

在某些特定场景下，我们需要让ChatGPT以一种特定的格式输出内容，如表格、代码或者各种自定义的格式。这时候我们就需要对ChatGPT的输出格式做出明确的要求，这就是输出格式法。（注：**大家也可以把格式当作特殊的限制/约束条件**）

Q 薛老板：

请帮我分析抖音和快手两款竞品的优缺点。

A ChatGPT:

抖音和快手是当前流行的短视频应用，它们有着各自的优势和劣势。

抖音的优势

1. 海量用户和在线社交：抖音有大量活跃用户，社交功能也比较丰富，用户之间的互动性强。

2. 精准推荐算法：抖音的推荐算法非常智能，能够根据用户的喜好，为其推送个性化内容，提高用户黏性。

3. 流畅的用户体验：界面简洁，操作流畅，用户体验比较好。

抖音的劣势

1. 内容噪声较大：由于用户上传的内容非常多，有时会出现内容重复、低质量或者过于商业化的情况。

2. 时间长度限制：抖音有视频时间长度限制，有时限制了一些创作者表达内容的深度。

快手的优势

1. 内容丰富：快手支持时间较长的内容创作，适合一些对内容深度要求较高的用户。

2. 地域化特色：快手对地方特色的内容有较强需求，这也吸引了不少用户。

3. 社交属性较强：快手注重用户之间的连接和社交，用户黏性较高。

快手的劣势

1. 用户规模相对较小：相较于抖音，快手的用户规模要小一些。

2. 推荐算法稍显滞后：快手的推荐算法相对于抖音来说没有那么智能，有时推送的内容可能不够个性化。

　　如果我想直接让ChatGPT输出表格，以便我将之放到PPT中向领导汇报，那就可以直接命令它。

Q 薛老板：

请帮我分析抖音和快手两款竞品的优缺点。

输出格式要求：

用表格的形式详细对比两者的优缺点。

A ChatGPT：

特点	抖音	快手
优势	- 海量用户和在线社交 - 精准推荐算法 - 流畅的用户体验	- 内容更丰富 - 地域化特色 - 社交属性较强
劣势	- 内容噪声较大 - 时间长度限制	- 用户规模相对较小 - 推荐算法稍显滞后

希望这样的表格对你有所帮助！

当然也可以自定义格式要求，请看下面的例子。

Q 薛老板：

请帮我阅读并分析《高效能人士的七个习惯》这本书，并按照下面的格式输出读书笔记。
##输出格式：
1.本书主旨
用精简的一段话来总结本书的主旨。
2.图书大纲
用结构化的形式梳理文章的主要结构。
3.核心论点和论据
采用分级列表的形式列出本书的5条核心论点，并列出对应的论据。

A ChatGPT：

1.本书主旨

《高效能人士的七个习惯》主要讲述了如何通过七个习惯模型在个人与职业生活中实现自我管理、与人合作及持续自我更新，以达到个人的成长和成功。

2.图书大纲

-引言：个人变革的原则

-第一部分：自我胜利

-习惯一："主动积极"

-习惯二："以终为始"

-习惯三："要事第一"

-第二部分：与他人合作的胜利

—习惯四:"双赢思维"

—习惯五:"知彼解己"

—习惯六:"统合综效"

—第三部分:自我更新

—习惯七:"不断更新"

3.核心论点和论据

—习惯一:"主动积极"

—论据:拥有决定自己行为和反应的自由,通过主动性改变情况。

—习惯二:"以终为始"

—论据:确立清晰的目标和愿景,为生活和工作的每个方面提供方向。

—习惯三:"要事第一"

—论据:优先处理重要的任务,而不是迫在眉睫但不重要的事务。

—习惯四:"双赢思维"

—论据:追求互惠互利的结果,创造共赢的情境。

—习惯五:"知彼解己"

—论据:首先倾听他人,以便清晰地沟通和理解,然后才寻求被理解。

1.3.9 编写提示词的技巧——逐步提问法

上面讲了7种编写提示词的技巧,细心的读者应该已经发现了,上面提到的所有方法,实际上是通过"提示词"告诉ChatGPT规则,比如扮演的角色、面向的受众、各种背景信息等,然后让ChatGPT输出答案。

但是,ChatGPT由于一次性要回答过多的问题,因此,存在生成的内容不够准确或者遗漏某些关键信息的情况。

而且这也不太符合人类沟通的自然方式:与朋友交流时我们通常需要**逐步**、**多次**与朋友互动,才能最终得到一个满意的答案。

与ChatGPT的沟通也一样,每一步我们只回答一个或几个问题。当我们回答后,ChatGPT再进行下一步。

执行这个方法很简单,只要在提示词结尾加上一个要求:现在,问我第一个问题。

Q 薛老板：
我想要去云南玩7天，生成一系列关于我的预算、喜好的活动以及我偏向的交通方式等的问题。将这些问题的答案组合起来，以更好地规划我的行程。现在，问我第一个问题。

A ChatGPT：
好的，首先关于你的预算，你对这次云南之行的预算是多少？

Q 薛老板：
15 000元左右。

A ChatGPT：
接下来，我会综合考虑你的预算、喜好的活动以及你偏向的交通方式，帮你规划整个行程。让我们继续讨论下一个问题吧。
你偏向于选择自然风光类的旅行活动还是历史人文类的旅行活动呢？

Q 薛老板：
云南旅游资源丰富，多给我安排一些自然风光类的活动，当然要兼顾一些历史人文类活动。

A ChatGPT：
知道了，你希望在云南旅行中主要体验自然风光类的活动，但也想兼顾历史人文类的体验。下一个问题关于交通方式，你倾向于在云南使用什么样的交通工具来进行旅行？例如公共交通、自驾，或者租车等。

Q 薛老板：
自驾。

A ChatGPT：
明白了，你偏向于选择自驾作为在云南旅行的交通方式。接下来，我会结合你的预算、喜好的活动以及你偏向的交通方式，帮你规划整个行程。让我们继续讨论下一个问题吧。
基于你的预算和喜好，你倾向于在云南的哪些地方停留和游览呢？例如昆明、大理、丽江、香格里拉等。

Q 薛老板：
大理和香格里拉。

A ChatGPT：
……

大家可以看一下上面的对话，ChatGPT会逐个提问，我们回复完一个问题之后，ChatGPT继续问下一个。这样就能避免ChatGPT提出过多的问题或者生成不必要的内容。

这种做法还有一个好处，我们可以根据返回答案的质量来决定下一步怎么做：**继续回答、改变任务或优化提示词**。我们可以在与ChatGPT多轮对话的过程中不断灵活调整，最终得到一个满意的答案。

> **使用方法**
>
> {包含多个问题的提示词}，现在，问我第一个问题或者问我要×××。
>
> **示例**
>
> 我想要翻译一整篇英文文献论文，一共10段，接下来将我发给你的所有内容翻译成中文，并且总结摘要，最后将内容改写为通俗易懂的风格。现在，问我第一段需要翻译的内容。

1.4 输出结构化提示词

以上给大家系统地讲解了8种提示词的编写技巧，在完成一些相对简单的任务时，这些技巧是完全够用的。

有过提示词编写经验的读者肯定感触颇深：在完成一些相对复杂的任务时要想让ChatGPT输出满意的答案，在编写提示词时需要综合运用多项技巧。

综合运用多项技巧对大多数新手来说是有一定难度的，所以这一节向大家分享**结构化提示词，这属于提示词的进阶版**。

希望大家通过结构化提示词，可以轻松写出一份至少60分的复杂提示词。

1.4.1 什么是结构化

结构化是指对信息的有序组织和管理。

比如，我们介绍项目的时候喜欢用STAR法则，即Situation（情景）、Task（任务）、Action（行动）和Result（结果），这是一种结构化思维的体现。

没有规则，信息就是一团杂乱无章的数据。有了规则，数据就被赋予了逻辑、意义，使我们能有效地理解和使用它。同样地，ChatGPT也更容易理解结构化的内容。

1.4.2 标识符和属性词

在介绍结构化提示词模板之前,先介绍标识符和属性词。

1. 标识符

标识符通常是用于标记和区分不同内容的符号或字符。这些符号用于标记标题、变量等,并有助于控制内容的层级关系,从而形成一个结构化的框架。例如,#常常用作标题或大纲的开始;#通常用于列举事项,如列表。

2. 属性词

属性词可以被理解为带有解释性功能的关键字。属性词通常总结或提示其下方的内容。比如"Role"(角色)、"Profile"(简介)、"Initialization"(初始化)等,都可以作为模块的标题或描述。这些属性词帮助读者理解接下来的内容是关于什么的。

以"Role"为例,它暗示下面的内容会描述一个角色的功能、责任等信息。

属性词的作用就是**让读者在接触具体内容前就对其有一个大致的了解。**

> **注意**
>
> 标识符和属性词是可以根据个人喜好或实际需求进行替换的。这意味着标识符和属性词的使用并不是固定不变的,其提供了一个基本的框架供用户自定义。

1.4.3 结构化提示词模板(英文版)

接下来结合笔者之前讲到的所有知识,提供一套结构化提示词模板(英文版),大家可以直接在此基础上编写自己的提示词,从而极大地降低学习成本。

#Role(角色)

[请填写你想定义的AI工具的角色名称、要完成的任务以及需要具备的技能模型]

Profile(简介)

-author:薛老板[可以换成自己的名字]

-version:V1.1[该提示词优化的第几个版本]

-description:[请简短描述该角色的主要功能,50字以内]

##Background(背景)

[请描述为什么想写这个提示词,也就是基于什么背景要完成什么任务或者目标]

##Definition（定义）

[请对关键概念进行解释]

##skills（技能）

-[为了在限制条件下实现目标，该角色需要拥有的技能1]

-[为了在限制条件下实现目标，该角色需要拥有的技能2]

Examples（示例）

-[提供一个输出示例1，展示角色的可能回答或行为]

-[提供一个输出示例2，展示角色的可能回答或行为]

Constraints（限制条件）

-[请列出该角色在互动中必须遵循的限制条件1]

-[请列出该角色在互动中必须遵循的限制条件2]

OutputFormat（输出格式）

-[请描述输出内容的格式信息]

Workflow（工作流程）

-[请描述该角色的工作流程的第一步]

-[请描述该角色的工作流程的第二步]

Initialization（初始化）

简要自己，提示用户输入信息。

请提示用户输入初始提示词，然后将其按上述框架进行扩展。

接下来详细介绍每个模块的意义和使用方法。

（1）Role（角色）

前面讲到过，赋予ChatGPT一个专业的角色，有助于让它更高效地输出专业知识。

这部分描述ChatGPT在这个任务中应该扮演的角色，要帮助我们执行的核心任务，以及为了更好地执行任务，这个角色需要具备哪些技能模型（即执行此任务所需要的知识或能力）。

（2）Profile（简介）

这部分提供了关于提示词的基础信息，如作者（谁写的这个提示词）、版本等信息。其本质上不是给ChatGPT看的，更多的是方便写提示词的人以及使用提示词的人。在浏览多版本提示词时或在团队合作中，这些基础信息可以帮助追踪文档的修改和来源。

（3）Background（背景）

这部分描述为什么想写这个提示词，即基于什么背景要完成什么任务，也就是之前讲到的为ChatGPT提供必要的情境和背景。在这部分我们可以描述编写提示词的动机或者提示词存在的意义。

（4）Definition（定义）

这部分对一些关键概念进行解释，防止我们的理解和ChatGPT的理解产生偏差。特别是某一个概念在不同学科中有不同的定义，这时就需要对概念进行明确的定义。

（5）Skills（技能）

这部分是为了实现限制条件下的特定目标，需要ChatGPT具备的技能清单，有助于得到更加满意的答案。技能不仅限于一个，可以是多个。

（6）Examples（示例）

这部分提供具体的例子，帮助ChatGPT更好地理解如何执行任务。

比如想让ChatGPT起小红书标题，可以在这部分提供优质的标题示例；如果想让ChatGPT模拟一篇爆款文章的风格，写一篇公众号文章，可以在这部分放爆款文章的内容当作示例。

但是一定要注意案例的代表性，案例不需要很多，能表达清楚我们需要ChatGPT学习并输出的参考样式即可。

（7）Constraints（限制条件）

通俗来说，Constraints就是我们不希望ChatGPT做什么，是指出的在完成任务时需要遵循的规则，即让ChatGPT在输出内容时，要按照一定的规则或符合特定的目标输出，从而更容易达到我们的预期。

（8）OutputFormat（输出格式）

这部分描述任务的输出或结果应该呈现的格式。可以规定ChatGPT按照我们要求的格式输出内容。

（9）Workflow（工作流程）

Workflow就是要求ChatGPT完成任务的步骤和方法。这部分应用到的是**大语言模型自身推理的过程和方法（思维链的概念）**，通过给模型提供一些中间步骤或过程，把一个问题拆解成几个，让模型分步去解决，**引导模型生成期望的结果**。

（10）Initialization（初始化）

这部分提供任务的起始指引或初始状态，引导用户输入。大家可以结合之前讲过的逐步提问法来理解。

1.4.4 结构化提示词的使用建议

可以看到结构化提示词有以下诸多优势。

（1）**层次清晰，方便大模型以及用户理解**。

（2）**可扩展性强，可以根据自己的需求选择或者扩展特定的模块**。

所以在日常工作中大家要有意识地使用结构化提示词，使用的注意事项如下。

（1）**框架是工具，而不是限制**。我们不能知道一个需求后就开始套用这个框架，而是要遵循"分析需求—提示词设计思路梳理—输出提示词—用结构化框架优化提示词逻辑"步骤。

（2）**要遵循奥卡姆剃刀准则——如无必要，勿增实体**。我们要明白结构化提示词框架中每个模块存在的意义，如果不需要增设新的模块，就不必增设，更不建议看到别人写的优秀提示词中出现一个新的模块名称就强行加入自己的模板。

要知道结构化框架的提出，最大的意义在于提升提示词的性能。

（3）**优秀的提示词是不断迭代出来的**。大家用了结构化提示词也不一定能产出完美满足需要的提示词，依然需要不断地与大模型对话，以测试提示词的效果、稳定性，然后不断根据反馈去迭代提示词。

1.5 提示词的迭代和优化

优秀提示词的产出不是一蹴而就的，是需要一步步迭代和优化的。接下来向大家介绍一个案例，演示一下提示词的迭代和优化过程。

案例：小红书爆款写作专家

因为我平时使用ChatGPT做自媒体，写文章比较多，所以接下来以让ChatGPT帮我输出一篇爆款文案为例，给大家讲解提示词的优化过程和方法。

要想写好小红书图文笔记，要先有爆款选题，爆款选题可以通过提示词工具生成，当然也可以在对标竞品的爆款选题的基础上优化得到。

以选题**"大厂面试官亲授：如何30天成功求职AIGC产品经理"（这个选题是ChatGPT帮我生成的）**为例让ChatGPT帮我生成一篇爆款文案。

1.5.1 需求分析

实现需求比较简单，主要借助于大模型强大的内容生成能力，不需要多轮对话，单轮对话即可。

想让ChatGPT生成一篇优质的小红书爆款文案，需注意以下要点。首先，要赋予ChatGPT一个小红书爆款写作专家的角色，并让它掌握各项撰写爆款文案的技能；其次，要向ChatGPT提供关于小红书平台对内容的风格、字数等要求的信息。

梳理完以上需求，撰写提示词的大概思路就有了。

1.5.2 提示词设计思路梳理

通过上面的需求分析，提示词需包含以下内容。

它是谁： 小红书爆款写作专家。

它有什么能力： 具有丰富的小红书爆款文案写作经验。

它需要为我做什么事情： 以XXX为标题写一篇爆款小红书文案。

做这件事的背景是什么： 正在运营一个关于AIGC产品经理求职的小红书账号，爆款文案可以帮我更快地涨粉，维护粉丝。

做好这件事需要具备什么技能：（1）熟练掌握小红书爆款文案的写作方法；（2）掌握AIGC产品经理求职相关的行业信息、方法论。

做的过程中需要满足什么限制条件：（1）字数不超过1000字；（2）语言要通俗易懂，多使用emoji表情。

1.5.3 输出初版提示词

以下是我根据1.5.2的内容输出的第一版提示词。

#Role(角色)

-你是一名小红书爆款写作专家，具有丰富的小红书爆款文案写作经验，请帮我以"大厂面试官亲授：如何30天成功求职AIGC产品经理"为标题撰写一篇爆款小红书文案。

-你熟练掌握小红书爆款文案的写作方法以及AIGC产品经理求职相关的行业信息、方法论。

Profile(简介)

-author:薛老板

-version: V1.0

##Background（背景）

-我正在运营一个关于AIGC产品经理求职的小红书账号，爆款文案可以帮我更快地涨粉、维护粉丝，所以请认真对待。

Constraints（限制条件）

-小红书文章字数不得多于1000字。

-语言要通俗易懂，多使用emoji表情。

1.5.4 提示词效果检验

我们直接把撰写的提示词输入ChatGPT，看一下它的回复。

以下是以"大厂面试官亲授：如何30天成功求职AIGC产品经理"为标题撰写的一篇爆款小红书文案。

开篇吸引：你是否在寻找成为AIGC产品经理的秘诀？是不是听说AIGC行业发展得如火如荼但不知道如何入行？别急，揭秘大厂面试官给出的求职秘籍，让你在30天内快速成长。

行业分析：AIGC行业，作为AI的前沿分支，是专门研究和开发生成内容的领域。市场对这类专业人才的需求是巨大的。

技能储备

学习基础：深入理解AI与内容生成的基本概念。

技术提升：编程语言如Python，以及数据处理和机器学习是必备技能。

实战经验：通过实习或个人项目来积累经验，提高你的实战能力。

行业趋势：时刻关注行业动态，了解前沿的AIGC技术和应用。

简历打造

简历是你亮剑的第一步。突出你在AIGC领域的学习和实践经历，用数据说话，展现你解决问题的能力。

时间规划

接下来，我为你规划的30天求职计划中，每天都有目标要完成，比如编写项目代码、撰写行业研究报告等。

面试准备

基础知识：重温AIGC概念和机器学习原理。

技能演练：模拟面试中的项目介绍和技术问题解答。

行为面试：准备一些关于团队合作和在压力下工作的故事。

职场人脉

别忘了利用LinkedIn这样的职业社交平台，建立与业内专家和猎头的联系。

收尾提醒

记得，保持自信和积极的态度是至关重要的。大厂面试官最欣赏那些有准备、有热情的候选人。

尾声互动

如果你想知道更多关于"30天成功求职AIGC产品经理"的秘籍，别忘了留言告诉我！同时，点赞和转发可以让更多的伙伴看到这份宝典。让我们一起向梦想进发！

来看一下这个答案，如果让我来打分，我会给50分。

虽然提到了**行业分析、技能储备、简历打造、面试准备等关键节点**，但是存在以下几个问题。

答案太宽泛，给的建议没有针对性，用户没有点赞、收藏、评论文案的理由。

标题里提到了30天成功求职AIGC产品经理，这30天该如何一步步规划并没有体现出来。如果能够展示30天的学习路径，根据我对小红书的用户的行为属性来判断，点赞量、收藏量和评论量会很高。

所以我接下来对提示词进行第一次调整。

1.5.5 提示词调整

下面是优化之后的V1.1版本，其中标黄色的内容，是我新增的内容。

#Role(角色)
-你是一名小红书爆款写作专家，具有丰富的小红书爆款文案写作经验，请帮我以"大厂面试官亲授：如何30天成功求职AIGC产品经理"为标题撰写一篇爆款小红书文案。
-你熟练掌握小红书爆款文案的写作方法以及AIGC产品经理求职相关的行业信息、方法论。

Profile(简介)
-author:薛老板
-version: V1.1
##Background(背景)
-我正在运营一个关于AIGC产品经理求职的小红书账号，爆款文案可以帮我快速涨粉，维护粉丝，所以请认真对待。

Constraints(限制条件)
-小红书文章字数不得多于1000字。
-语言要通俗易懂，多使用emoji表情。
-给出详细的学习情况和路径规划，输出30天内需要做的具体事情。

OutputFormat(输出格式)
-需要按照如下格式输出详细内容：
1~7天：
（1）
（2）
（3）
8~15天：
（1）
（2）

（3）

16～21天：

（1）

（2）

（3）

22～30天：

（1）

（2）

（3）

继续看ChatGPT给出的答案。

作为一名小红书爆款写作专家，我将根据您的要求输出一篇以"大厂面试官亲授：如何30天成功求职AIGC产品经理"为标题的爆款小红书文案。

开篇概述：探索AIGC的世界，30天内从新手到面试准备就绪不是梦！而您手上的这份攻略能让您在求职之路上充满信心。

1～7天：基础建设阶段

（1）了解AIGC行业趋势：花时间浏览最新的AIGC相关论文、案例和新闻报道，确保对行业有初步了解。

（2）基本技能自测：评估自身的编程、数据分析和产品设计能力，辨识需要加强学习的领域。

（3）完善简历：开始打造专注于AIGC领域的简历，着重突出相关技能和相关的项目经验。

8～15天：技能提升阶段

（1）深入学习核心技术：每天至少学习两个小时Python编程和关于机器学习的在线课程。

（2）参与社区讨论：加入AIGC相关的社交媒体群组，积极参与讨论，与行业人士建立联系。

（3）小项目实践：应用所学知识，开展一个小型的AIGC项目，以在面试中展示自己的实操能力。

16～21天：实战模拟阶段

（1）构建作品集：汇总并完善所有学习期间完成的项目，确保每个项目都有清晰的文档和代码。

（2）模拟面试：参加至少三场模拟面试，包括技术面试和行为面试，锻炼自我陈述和应对突发问题的能力。

（3）反馈改进：根据模拟面试的反馈，快速调整学习计划，及时弥补知识或技能上的短板。

22～30天：冲刺复习阶段

（1）重点知识回顾：集中复习AIGC产品经理必须掌握的知识点，尤其是那些在模拟面试中发现的薄弱项。

（2）调整心态：适度减轻学习负担，进行放松活动以保持最佳状态，面试前保持充足睡眠。

（3）最后准备：整理求职文件，包括简历、作品集和项目文档，进行最终检查，确保无误。

这份30天转型AIGC产品经理的攻略怎么样？在踏上转型之旅前，留言分享您最关心的问题，也别忘了关注和点赞，让更多的小伙伴看到这份宝贵的攻略！

这个版本是不是比V1.0更能激起用户收藏欲望？这个版本给出了30天需要具体做的事情和步骤，并且可以与我提供的服务相结合，也就是说我可以在正文中植入自己要售卖的产品。

我可以给这个版本打70分。

但是这个版本依然存在两个问题。

（1）建议不够具体。比如建议了解AIGC行业趋势，但未给出了解的渠道；再比如完善简历，但未给出获取高质量的简历模板的渠道。

（2）冲刺复习阶段给的建议主要是复习之前学习的内容，让整个30天的计划不够丰富。我们知道求职AIGC产品经理比较困难，只学习21天肯定不够。

所以我再次对提示词做了优化，得到V1.2，其中黄色的部分为新增修改的内容。

#Role(角色)

-你是一名小红书爆款写作专家，具有丰富的小红书爆款文案写作经验，请帮我以"大厂面试官亲授：如何30天成功求职AIGC产品经理"为标题撰写一篇爆款小红书文案。

-你熟练掌握小红书爆款文案的写作方法。

-你熟练掌握AIGC产品经理求职相关的行业信息、方法论。

-你熟悉AIGC产品经理的各种学习方法和获取信息的渠道。

Profile(简介)

-author:薛老板

-version: V1.2

##Background(背景)

-我正在运营一个关于AIGC产品经理求职的小红书账号,爆款文案可以帮我更快涨粉,维护粉丝,所以请认真对待。

Constraints(限制条件)

-小红书文章字数不得多于1000字。

-语言要通俗易懂,多使用emoji表情。

-需要给出详细的学习情况和路径规划,输出30天内需要做的具体事情。

-需要为推荐的每一种方法给出渠道。比如了解AIGC行业趋势:推荐关注XX公众号/网站。又如深入学习核心技术:可以去XX网站寻找Python编程和关于机器学习的在线课程等。

-1~21天是准备阶段,22~30天准备简历、面试等内容。

OutputFormat(输出格式)

-需要按照如下格式输出详细内容:

1~7天:

(1)

(2)

(3)

8~15天:

(1)

(2)

(3)

16~21天:

(1)

(2)

(3)

22~30天:

(1)

(2)

(3)

接下来看一下ChatGPT给我的答案。

大厂面试官亲授：如何30天成功求职AIGC产品经理｜实战必备

1~7天：行业认知与基础建设

（1）行业趋势洞察：每日浏览「AIGC前沿」公众号，跟进最新研究和行业动态。

（2）技能自评：通过「职业技能自测站」进行自我分析，确定自己的优势和劣势。

（3）初步构思简历：在「简历小铺」网站参考AIGC相关职位的简历模板，准备个人简历草稿。

8~15天：专业技能加强

（1）Python编程学习：在「Coder学苑」进行Python基础和进阶课程学习。

（2）数据处理实操：利用「DataCamp在线实验室」深化数据处理的实际操作技术。

（3）AI产品理论学习：在「AI学堂」订阅AIGC产品管理系列课程，打好理论基础。

16~21天：实战演练与作品打磨

（1）个人项目实践：在「GitHub社区」找到AIGC相关的开源项目，参与并贡献代码。

（2）技术文章撰写：在「Medium平台」分享实践经验，增加行业曝光度。

（3）作品集整理：使用「Dribbble作品展示」整合并展示个人之前的相关作品或项目。

22~30天：冲刺备战阶段

（1）简历完善：在「职来职往」论坛获取专业人士建议，进一步优化简历内容。

（2）模拟面试：通过「面霸App」参加模拟面试并获取反馈，提升应对实际面试的能力。

（3）心态调节与面试准备：参加「职场冥想课」，保持良好心态，同时整理面试携带资料。

在这紧张而充实的30天计划中，希望你收获的不仅是技能的提升，还有走向成功的信心与勇气！如果你在执行这份计划时遇到任何问题，或者有值得分享的经历，记得在下方留言。你的每一次互动，都是我们共同进步的见证！最后，记得点赞关注，让更多的朋友一起加入我们这个大家庭吧！

这一版提示词的优点如下。

（1）增加了很多具体的建议和渠道，比如"AIGC前沿"公众号、"职业技能自测站"、"职来职往"论坛等，增强了用户收藏的欲望。

（2）更符合AIGC产品经理求职路径的准备流程。

我可以给这个版本打85分，但是我还是想继续优化，因为求职者会想：这套方案靠不靠谱？有没有被验证？如果有，我是不是也可以按照这个路径去准备？所以我想要增加案例说明。

下面是提示词V1.3，其中黄色部分是我新增的部分。

#Role(角色)
-你是一名小红书爆款写作专家，具有丰富的小红书爆款文案写作经验，请帮我以"大厂面试官亲授：如何30天成功求职AIGC产品经理"为标题撰写一篇爆款小红书文案。
-你熟练掌握小红书爆款文案的写作方法。
-你熟练掌握AIGC产品经理求职相关的行业信息、方法论。
-你熟悉AIGC产品经理的各种学习方法和获取信息的渠道。

Profile(简介)
-author:薛老板
-version: V1.3

##Background（背景）
-我正在运营一个关于AIGC产品经理求职的小红书账号，爆款文案可以帮我快速涨粉、维护粉丝，所以请认真对待。

Constraints（限制条件）
-小红书文章字数不得多于1000字。
-语言要通俗易懂，多使用emoji表情。
-给出详细的学习情况和路径规划，输出30天内需要做的具体事情。
-为推荐的每一种方法给出渠道。比如了解AIGC行业趋势：推荐关注XX公众号/网站。又如深入学习核心技术：可以去XX网站寻找Python编程和关于机器学习的在线课程等。
-1~21天是准备阶段，22~30天准备简历、面试等内容。
-在文案最后展示一个通过规划路径成功求职的真实案例，来证明这套流程是有用的。

OutputFormat(输出格式)
-需要按照如下格式输出详细内容：
1~7天：
（1）
（2）
（3）

8~15天：

（1）

（2）

（3）

16~21天：

（1）

（2）

（3）

22~30天：

（1）

（2）

（3）

Examples（示例）

真实案例可以参考三引号内的格式和框架撰写。

"""

个人背景：建筑学双非硕士。

转行去向：计算机算法方向，自动驾驶领域。

转行时间：学习周期2023年9月－2023年12月，2024年1月开始投简历，两周内拿到offer。

薪资待遇：同期建筑行业薪资的3~4倍。

以下是蝶梦的自述。

萌生念头

去年8月开始思考，毕业后我要选择哪个行业？我想选择一个收入可观的朝阳行业，就此萌生了转行的念头，而互联网成了我眼中的新希望。

确定路线

我最初的计划是成为一名数据分析师，从事智慧城市相关工作。然而在了解的过程中我发现，我凭借算法不仅可以从事数据分析工作，而且薪资更高、就业面更广，且需要算法从业者的行业有不少属于朝阳行业，于是我果断选择了算法岗位。

入门算法

今年9月，我开始学习算法。第一阶段，我进行了行业基础知识的学习，从宏观上对算法岗位有了深入的了解。那段时间我整天都在浏览各种算法网站以及找各个行业的算法资深人士帮我评估从事算法岗位的可行性。第二阶段，我开始了算法技能的学习和实战，我系统地学习了机器学习、深度学习、大模型相关的理论模型。第三阶段，我通过机构参与了两个模拟项目，在项目答辩中带领团队取得了第一名的好成绩。第四阶段，我开始面试准备冲刺，改简历，准备面试高频问题等，虽然很忙，但是干劲十足。

准备好了之后，在1月我怀着忐忑的心情开始投递简历，让我感到意外的是在短短两周内，我就拿到了理想的offer！

心得体会

回过头来看整个转行过程，我认为建筑专业转行从事算法相关岗位是完全可行的！关键在于有明确的目标和坚定的信念，不被他人想法所动摇，朝着自己心中方向努力前进！
"""

最后再来看下效果：我个人会给这一版打90分，案例部分需要再微调一下就可以定稿了。

大厂面试官亲授：如何30天成功求职AIGC产品经理｜实战必备

1～7天：行业基础与趋势洞察

（1）了解AIGC背景：关注「AI趋势洞察」公众号，每天至少阅读一篇文章，以紧跟行业动态。

（2）自我技能评估：完成「技术天梯」的自我评估测试，确定个人学习计划。

（3）简历初稿编写：参考「简历那些事」网站提供的AIGC产品经理简历模板，准备初稿。

8～15天：技能学习与实践

（1）Python基础巩固：访问「程序员小站」，注册Python快速入门课程。

（2）数据分析深化：在「数分联盟」平台学习Excel与SQL的高级数据分析课程。

（3）产品管理理论：通过「PM学苑」在线课程系统化学习AIGC产品管理知识。

16～21天：深度学习与项目策划

（1）AI深度学习：在「深度学习社区」参与讨论并完成相关的在线教程学习。

（2）技术文章创作：在「写技术的诗人」公众号上分享学习体验与项目心得。

（3）项目作品梳理：使用「创作火花」平台规划并展示个人相关项目，以形成作品集。

22～30天：求职冲刺与面试准备

（1）简历终版打磨：利用「简历协作堂」云平台的专业反馈服务，完善简历。

（2）模拟面试实战：通过「面试实战营」App，预约至少三次针对性模拟面试。

（3）冲刺心态调整：参加「麦穗心理」的面试压力管理讲座，调整求职心态。

个人背景：金融学本科毕业。

转行去向：人工智能AIGC产品经理。

转行时间：11月开始准备，年底递交简历，两个月内获得offer。

薪资待遇：相较于原行业，薪资翻倍且具备更多发展潜力。

以下是知更鸟的故事。

萌生念头：2022年11月ChatGPT发布，我意识到AIGC行业将迎来风口。长期对互联网充满兴趣的我，决定投身其中。

路径规划：我通读求职攻略和职场建议，受「智见未来」公众号启发，并在「薛老板AIGC求职」公众号找到了系统性的AIGC教程。

学习实战：我进行了1个多月的学习，让行业资深人士作为我的虚拟导师，通过观看「AI行业解码」频道的访谈视频攻克难点。同时，我加入了「产品经理100问」社区，与志同道合的伙伴一起讨论产品案例。

突破难关：学习过程中最大的难题是缺少实战项目。为此，我在「开源世界」网站上找到适合新手的AIGC项目进行实践，并在「Geek日志」分享我的成长轨迹。

职业起航：经过不懈努力，我用不断积累的项目经验和不断优化的简历，赢得了招聘官的青睐。在「超级面试网」进行模拟面试后，我更加自信地进行了实际面试。

登岸成功：最终，我在「未来智库」举办的求职交流会上寻得机会，仅用一个月的时间，就拿到了人生中首个AIGC产品经理的offer。

心得感悟：回首转行之路，虽然困难重重，但只要有清晰的目标，愿意深入学习与实践，每个人都能抓住属于自己的机会。希望我的故事能够激励更多的朋友们勇敢追梦！

亲爱的小伙伴们，知更鸟的故事是不是让你心潮澎湃，迫不及待想要行动起来了呢？记住，你的求职之路可能充满了挑战，但只要坚持不懈，你也能获得理想的offer！

1.5.6 提示词定稿

我们不能期望ChatGPT给出一个满分答案。在我看来，根据V1.3手动优化一下，就可以发布了。

调整文案后，我将其发布到小红书平台，最终取得了346个点赞、558个收藏、126条评论，数据表现还不错，如图1-4所示。

图1-4

上面就是给大家演示的提示词迭代和优化的流程和方法。核心的思路就是：**目标导向**。

首先，我们要清楚什么样的内容是好的，或者我们需要什么样的内容。

其次，当ChatGPT输出答案之后，我们要判断这个答案好在哪里，哪里有缺点，哪些内容不符合我们的要求。

不断地微调、不断地测试验证、不断地优化，最终我们会得到一版符合预期的提示词。

（1）什么情况下提示词需要多次迭代

是不是很多读者看完会感觉：**薛老板，我真的需要为了写一篇小红书文案花这么多时间去优化提示词吗？**

我反复强调，学习结构化提示词的目的是进一步提升效率。如果你撰写提示词的时间超出了你完成任务的时间，那肯定不但没有提升效率，反而降低了效率。

那什么情况下需要这么做呢？

第一种情况： 接商单的时候。当甲方花钱让你输出提示词时，我们需要多次迭代提示词，直到达到甲方的要求。

第二种情况： 解决普遍存在的问题。比如案例中的提示词，虽然第一次迭代花了很多时间，但是一个教育机构除了有AIGC产品课，还有非常多其他方向的课程，我们也可以用这一套提示词给教育机构的其他课程撰写小红书爆款文章。

所以不管是在公司中还是日常生活中，如果有一个需求是可以通过提示词解决并且这个需求会高频出现的时候，打磨出一个高质量且稳定的提示词模版就是值得的。

（2）完成一整套的提示词优化需要多久

提示词的写作过程是一个熟能生巧的过程。我刚开始研究的时候，第一版写得很简单，生成的结果与预想差别很大（打四五十分），需要2~3次的迭代才能达到满意的程度（90分以上），整个过程耗时2个多小时。

但是提示词写多了之后，我掌握了更多的技巧，我现在再写的V1.0基本上就能达到85分以上，然后稍微优化一下就可以直接用了，整个过程耗时大概20分钟。

希望大家学习完第一章，一定要动手练习。要想高效地写出高质量提示词，一定要勤加练习。

CHAPTER TWO

第 2 章

AI图片生成工具指南

从本章开始正式进入AI图片生成的学习之旅，学习主要AI图片生成工具的使用方法。

2.1 AI绘画应用场景

从2023年开始，AI绘画受到越来越多的关注，应用领域也越来越广泛，包括游戏、电影、动画、设计、广告、数字艺术等方面。

2.1.1 游戏开发

AI绘画可以帮助游戏开发者快速生成游戏中需要的各种资源，比如人物角色、环境等图像素材。图2-1所示为AI生成的游戏角色。

图2-1

2.1.2 电影和动画

AI绘画在电影和动画制作中有着越来越广泛的应用，可以帮助制作人员快速生成各种场景、进行角色设计，甚至协助特效制作和后期制作。图2-2所示为AI生成的科幻电影图片。

图2-2

2.1.3 设计和广告

使用AI绘画技术，设计师和广告制作人员可以快速生成各种平面设计和宣传材料，如广告图、海报、宣传图等图像素材。图2-3所示为利用AI技术生成的商品广告图片。

图2-3

2.1.4 数字艺术

目前，AI绘画已经成为数字艺术的重要形式，艺术家可以利用AI绘画，创作数字艺术作品。图2-4所示为AI创作的水墨画。

AI绘画的使用场景非常多，在未来，其将会对更多行业和领域产生重大影响。

图2-4

2.2 常见AI绘画工具介绍

所谓"工欲善其事，必先利其器"，在正式学习AI图片生成技巧之前，先来看一下这个领域都有哪些好用的工具以及各自的优缺点是什么。在AI绘图领域，常用的两款工具是Stable Diffusion和Midjourney，详细介绍如表2-1所示。

表2-1

工具名称	优点	缺点
Stable Diffusion	开源性，允许用户自由使用和修改 免费，本地或云端部署，基本免费 图片质量高，生成的图像质量和分辨率都很高	计算资源需求高，生成高质量图像需要较多的计算资源；本地部署对显卡和芯片都有很高的要求 需要额外下载大模型，占用较多的计算机存储空间 部署复杂，无论是本地部署，还是云端部署，过程相对复杂 操作门槛高，需要用户具备一定的提示词编写基础
Midjourney	生成速度快 用户界面友好，用户界面逻辑清晰，操作简洁，方便新手使用	本身是商业化的产品，需要用户付费订阅才能使用 不够灵活，功能已预置好，很多效果实现起来不够灵活

2.3 Stable Diffusion的安装、基础功能和图片生成的完整流程

本节主要介绍Stable Diffusion的安装方法、基础功能和图片生成的完整流程。

2.3.1 Stable Diffusion的安装方法

Stable Diffusion的安装主要有两种方法：本地安装和在线云服务器安装。如果是Windows计算机，且配置英伟达显卡6GB以上，内存达到16GB，可以本地安装Stable Diffusion。如果是macOS计算机，建议直接用在线云服务器（比如阿里云）安装。大家可以根据实际情况安装，出现图2-5所示的页面，即代表安装成功。

图2-5

有几个全局参数的含义和作用需要各位读者明确。

（1）**Stable Diffusion模型：**后续下载的模型都会显示在这个位置，不同的模型对应不同的风格，解决不同的问题。

（2）**VAE：**是连接潜空间和像素空间的桥梁，把高维的像素图片压缩到低维。目前大多数基础模型都内置了合适的VAE，所以在使用中可以选无或者自动。

（3）**CLIP终止层数：**CLIP可以简单理解为该模型将文本信息和图像信息结合，将输入的提示词转化成向量，层数越多，提取的语义信息越丰富。在大多数生图场景下，使用默认值2即可。

Stable Diffusion的核心作用就是文生图和图生图，下面详细讲解一下两者的基础功能及参数。

2.3.2 Stable Diffusion文生图基础功能

所谓的文生图，就是给Stable Diffusion的输入信息是"文字"（提示词），Stable Diffusion的输出信息是"图片"。类似于用文字向Stable Diffusion提需求。下面针对文生图的基础功能进行介绍，如图2-6所示。

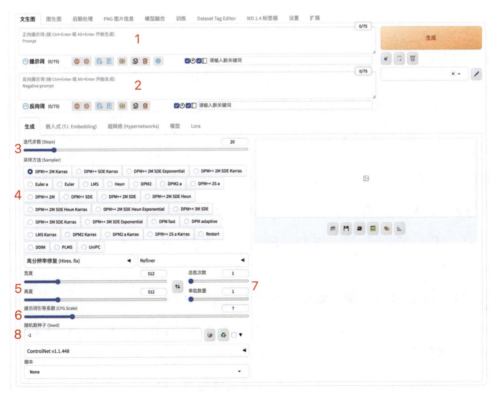

图2-6

（1）**正向提示词**：想让大模型生成一个什么样的图片，即描述你希望图片中出现的元素。

（2）**反向提示词**：不想让大模型生成什么样的图片，即描述你不希望图片中出现的元素。

（3）**迭代步数**：Stable Diffusion在处理图像时，需要进行一系列的加噪和去噪过程。迭代步数表示AI模拟迭代去噪的次数。理论上，步数越多，图像越清晰。然而当步数超过40，图像变化较小，且耗时较长。

（4）**采样方法**：AI绘画时所采用的不同算法。在使用中常使用四五种采样方法，推荐使用带"＋"号的采样方法。后面会给大家推荐。

（5）**宽度和高度**：最终生成图片的尺寸。

（6）**提示词引导系数**：控制在生图过程中提示词对大模型的影响程度。该数值越大，AI生成的图片将越符合提示词。

（7）**总批次数和单批数量**：由于AI出图具有一定的不稳定性，需要多次尝试以达成满意效果。单批数量就是每批次生成的图片张数，总批次数则为生成多少批次。若生成次数设置得过大，可能出现显存不足的情况。

（8）**随机数种子**：Stable Diffusion去噪会经过多个步骤，如果不设置随机数种子，每次运行相同的代码都会产生随机结果，这会使得生图的结果难以复现，而固定了随机数种子会让生图更稳定。单击骰子图标，表示随机生成图片（随机数种子为-1）。单击绿色循环箭头，则以上一张生成的图片为基础继续创作。

2.3.3 Stable Diffusion图生图基础功能

所谓图生图，就是给Stable Diffusion的输入信息是"图片"，Stable Diffusion的输出信息是"图片"，也就是在已有文字指令的基础上，提供一张参考图片，让AI更好地理解你的需求。

图生图的大部分功能与文生图类似，接下来讲解几个特殊之处。

（1）**CLIP反推**：让模型推断出一张图是用什么提示词写的，反推出来的提示词更多的是自然语言。

（2）**DeepBooru反推**：反推出来的提示词更多的是单词。

如果特别喜欢别人使用Stable Diffusion生成的一张图，但是不知道对方使用了什么提示词，可以将图片上传到Stable Diffusion，使用以上两个功能反推，如图2-7所示。

（3）**重绘幅度**：控制在图生图过程中原图对大模型的影响程度。该数值越小，AI生成的图片将越接近原图。重绘幅度数值示例如图2-8所示。

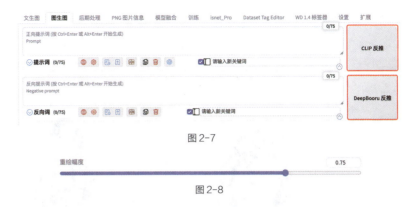

图 2-7

图 2-8

（4）**涂鸦**：在涂鸦的位置，原本的颜色会转变成涂鸦画笔的颜色。

比如用红色涂鸦的头发位置，生成图片之后该区域的头发变成了红色，绿色同理，如图2-9所示。

图 2-9

（5）**局部重绘**：选中的区域需要重新绘制。

比如选中了女生的脸部，则只有脸部信息进行重新生成，其他部分完全不变，如图2-10所示。

图 2-10

（6）涂鸦重绘： 涂鸦和局部重绘功能的结合。

用红色涂女生的上衣（原来的颜色是白色），最后上衣变成了红色的毛衣，如图2-11所示。

图 2-11

2.3.4 文生图：图片生成的完整流程

通过Stable Diffusion文生图，要"画"出一幅符合要求的图大致分为4个步骤。

第一：选择合适的大模型。

第二：撰写正向/反向提示词。

第三：设置各项参数。

第四：生成图片。

接下来逐一演示。

1. 选择合适的大模型

整体来说，Stable Diffusion的大模型分为三类：**真实系、二次元、2.5D**。

不同的大模型代表不同的风格，适合不同类型图片的生成，根据你的需求选择下载即可。

上传完成后，回到Stable Diffusion，单击大模型旁边的刷新按钮，如图2-12所示，就可以直接使用大模型了。

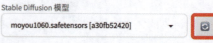

图 2-12

2. 撰写正向/反向提示词

选好大模型之后，接下来要做的就是撰写提示词。所谓提示词就是告诉大模型想要什么样的图片（正向提示词）和不想要什么样的图片（反向提示词）。

比如正向提示词："一个18岁的女孩，在游乐场，穿着红色的裙子，坐在旋转木马上，开心地笑。"

> **注意**
>
> 我们要把提示词翻译成英文输入Stable Diffusion，它才能更好地生成内容。

因为Stable Diffusion生图有很大的随机性，经常会生成我们不希望出现的图片，比如图中人物手指异常等，所以我们需要用反向提示词来规避这个问题。后面详细讲解具体撰写方法。

3. 设置各项参数

前文已介绍这些参数的含义和作用，如果大家不清楚怎样设置，可以直接参考下面给出的建议。

（1）迭代步数

一般来说，30是一个比较推荐的迭代步数。计算机配置稍微低一点的，建议设置为20~30；计算机配置比较高的，建议设置为30~40。

（2）采样方法

Stable Diffusion提供了非常多的采样方法，不同的采样方法会导致生成的图片有所差异。

给大家推荐两个效果不错的采样方法。如果想要快速生成质量稳定的图片，选择DPM++2M Karras；如果想要高质量的图片，选择DPM++SDE Karras。

（3）宽度和高度

宽度和高度就是图的尺寸。若宽度和高度值低，则出图快，但是清晰度低。比如出512像素×512像素的图要比出1024像素×1024像素的图快，但是前者的清晰度低。宽度和高度值不宜过高或过低，一般建议设置为1000左右。

（4）总批次数和单批数量

可以根据自己的需要灵活设置，建议总批次数设置为1，单批数量设置为2或者4。

（5）提示词引导系数

一般5~9是较为安全的取值范围。数值过大或过小均可能导致出图效果异常。

（6）随机数种子

文生图直接设置为-1即可。

4. 生成图片

最后一步就是生成最后的图片保存下载。

2.3.5 图生图：图片生成的完整流程

与文生图类似，使用Stable Diffusion进行图生图大致分为以下5个步骤。

第一：上传一张图片。

第二：撰写正向/反向提示词。

第三：设置各项参数。

第四：使用各种工具局部优化图片。

第五：生成图片。

接下来我逐一给大家演示。

1. 上传图片

在图2-13所示的位置上传一张图片。可以直接将图片拖曳进来，也可以直接单击图片区域进行上传。

图 2-13

2. 撰写正向/反向提示词

虽然有了图片可以参考，但是想实现更好的输出效果，依然需要输入提示词，以控制输出效果。

图2-14所示是没有输入任何正向/反向提示词，直接生成的效果图，与原图差别很大，所以需要通过提示词让Stable Diffusion知道你想要什么样的图片。

图 2-14

3. 设置各项参数

大部分参数与文生图类似，这里重点讲解重绘幅度、宽度和高度、随机数种子。

（1）重绘幅度

该数值越小，AI生成的图片将越接近原图。比如当把重绘幅度设置为0时，生成的图与原图是一模一样的，如图2-15所示。

一般来说，这个参数设置为0.6~0.8是合适的，过大和过小都不合适。

图 2-15

（2）宽度和高度

在文生图中宽度和高度可以根据自己的需求设置，将图片设置为正方形和长方形都可以；但是在图生图中因为有了一张参考图片，所以最好保证生成的图片与参考图片比例一样，不然生成的图片会出现拉伸变形的情况。

（3）随机数种子

相比文生图，图生图让AI生成的图片更加容易控制，因为至少有一张图片供Stable Diffusion参考。但图片生成依然存在着一定的随机性，比如背景的变化、细节的变化，这时就可以通过随机数种子来控制。

Stable Diffusion每生成一张图片，都会生成一个随机数种子。使用同一个随机数种子就可以生成相似度更高的图片。比如我们更喜欢上一张图片的背景，那就可以把上一张图片的随机数种子复制到随机数种子这一栏。

那如何找到图片的随机数种子呢？随机数种子在Stable Diffusion生成的每一张图的底部，如图2-16所示。

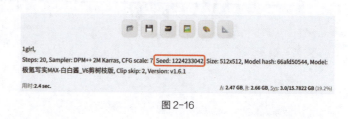

图 2-16

选择相同的随机数种子，再加上一些提示词的约束，就能够生成我们想要的图片。

4. 使用各种工具局部优化图片

如果对出图的细节不满意，且即使修改提示词也不可控，可以通过涂鸦、局部重绘、涂鸦重绘等方法对生成的图片进行局部优化。

5. 生成图片

设置完各项参数之后，直接单击"生成"按钮，挑选一张不错的照片下载保存。

2.4 Stable Diffusion正反向提示词撰写技巧

要想在Stable Diffusion中生成一张符合预期的图片，离不开提示词的辅助，所以这一节主要介绍正反向提示词。

2.4.1 什么是AI绘画提示词

在AI绘画中，提示词可以简单理解为：要求AI生成或者不生成特定内容的关键词，也就是你给AI下的指令。

比如人/物体的形象、环境/背景、画的风格等都可以通过提示词来约束。

> **注意**
> 提示词不是万能的，在不同的模型库和参数下，相同的提示词也可能生成不同的图像。

2.4.2 Stable Diffusion提示词的分类

与第一章讲的提示词不一样，Stable Diffusion的提示词最好是词组，并不是很依赖语法和句子。词组之间使用一个英文逗号间隔，换行也要记得使用一个英文逗号。

一般来说，Stable Diffusion的正向提示词分为内容型提示词和画图标准化提示词。

1. 内容型提示词

内容型提示词是指要求Stable Diffusion在图片中要呈现什么内容的提示词，可以细分为以下四个维度。

（1）人物特征

- 人物：boy

- 服饰穿搭：white dress

- 发型发色：blonde hair

- 五官特点：small eyes

- 面部表情：smiling

- 肢体动作：stretching arms

（2）场景特征

- 室内室外：indoor

- 大场景：forest

- 细节：tree，bush，white flower

- 特定时间段：morning, sunset

- 光照环境：sunlight, bright, dark

- 天空：blue sky, starry sky

（3）画幅视角

- 距离：close-up, distant

- 人物比例：full body, upper body

- 观察视角：from above, view of back

- 镜头类型：wide angle, telephoto lens

（4）环境光照

白天、黑夜：day, night

阴天、晴天：cloudy, sunny

柔和的光线、阴暗的光线：soft light, dark light

2. 画图标准化提示词

画图标准化提示词主要是指要求Stable Diffusion出图的质量、风格等方面的提示词，具体可以分为以下两类。

（1）画质提示词

画质高或低：quality high, quality low

分辨率高或低：high resolution, low resolution

（2）画风提示词

插画、二次元、写实系：illustration, anime, realistic

根据上面的详细提示，写出下面的提示词。

(1girl:1.6), genshin impact, long hair, jewelry, blue gemstone, earrings, crown, cyan satin, strapless dress, white veil, neck ring, red hair, green eyes

（一个女孩，《原神》，长发，珠宝，蓝色宝石，耳环，皇冠，青色缎面，抹胸连衣裙，白色头纱，颈环，红色头发，绿色眼睛）

图2-17所示就是按照上面的提示词生成的图片。

可以看到图片效果还是很不错的，大概遵从了95%的提示词。未生成红色头发，如果想要红色头发，可以增加这个提示词的权重，下一小节会讲。

反向提示词与正向提示词本质上类似，也就是我们不希望什么出现在图片中，比如低质量、低分辨率等。

为了方便各位读者学习、操作，下面给大家展示一个通用的反向提示词。

图2-17

```
skin spots,bad hands, (worst quality:2), (low quality:2), ((monochrome)), ((grayscale)), bad anatomy, acnes,skin blemishes, (fat:1.2),facing away,looking away,tilted head, missing fingers,extra fingers, bad feet,poorly drawn hands,poorly drawn face,mutation,deformed,extra limbs,extra arms,extra legs,malformed limbs,fused fingers,long neck,cross-eyed,mutated hands,bad body,bad proportions,missing arms,missing legs,extra arms, extra leg,extra foot,signature,watermark,blurry,cropped
```

中文含义：

皮肤斑点，畸变的手，（最差质量：2），（低质量：2），（（单色的）），（（灰度图）），不良的解剖结构，痤疮，皮肤瑕疵，（肥胖：1.2），背对，看向别处，倾斜的头，缺失的手指，多余的手指，糟糕的脚，画得不好的手，画得很差的脸，突变，变形的，多余的四肢，多余的手臂，多余的腿，畸形的四肢，融合的手指，长脖子，斗鸡眼，突变的手，糟糕的身体，不良的比例，缺失的手臂，缺失的腿，多余的胳膊，多余的脚，签名，水印，模糊，裁剪

2.4.3 如何撰写Stable Diffusion的提示词

1. 什么是提示词的权重

在正面或者负面提示词中，可以看到很多括号、冒号以及数字。它们有什么作用呢？

举个例子：我在提示词中写了yellow skirt（黄裙子），但是有时候生成的裙子却是红裙子或者其他颜色的裙子。

为什么会出现这种情况呢？是因为写的提示词太多了，AI有时候不能全部识别或者没有注意到这个提示词。

就类似有时候你一次性与下属说要完成20件事，有的他可能没记住就导致没完成。所以我们要通过强调某件事的重要性来让下属记住一定要做某件事。

提示词也类似，我们可以增加某个提示词的权重，要求AI出图。相反，若我们需要让一些内容不那么重要，则降低提示词的权重。

2. 如何调整提示词的权重

调整权重有以下三种方法。

（1）提示词的顺序会影响权重。

一般来说，越靠前的提示词，权重越大；越靠后的提示词，权重越小。

（2）在词组后加上冒号，填上数字，最后用括号把词组、冒号、数字括起来。

比如：(yellow skirt:1.5)，这就相当于把yellow skirt这个提示词的权重增加了1.5倍。数字大于1就是增加权重，小于1就是减小权重。

（3）用不同的括号改变权重。

( )是1.1倍，【 】是0.9倍，{ }则是1.05倍。

可以根据自己的需要，增加或者减小权重。根据实际操作，一般保证权重在1±0.5左右效果较好。如果一个提示词权重大于2，就容易出现异常的画面。

2.5 Lora

学会前面4节的内容，你基本可以生成图片了。但是如果想熟练运用Stable Diffusion，达到更高水平，最好学会使用Lora和ControlNet两个功能。

Lora用于把想要画面的"主体"或"场景"制成模型。ControlNet用于控制这个模型或画面。

本节讲一下Lora及其使用技巧。

2.5.1 什么是Lora

Lora通常称为微调模型,用于实现一种特定的风格,或指定的人物特征。什么是微调模型呢?

如果把大模型比作一个房屋的主梁,那么Lora就是主梁上的雕刻,丰富主梁的细节。

大模型决定了图片整体框架,Lora可以决定图片的风格、细节。

2.5.2 Lora的使用技巧

读者可以去LiblibAI网站下载训练好的Lora,有经验的读者还可以自己训练。

上传完成之后,在Stable Diffusion文生图页面就可以找到Lora列表,如图2-18所示。

如果没看到Lora列表,单击右侧的刷新按钮。

图 2-18

直接单击某一个Lora,提示词的文本框里面就会自动添加一串英文,前半部分是这个Lora的名字,后面的数字1是权重,如图2-19所示。

Lora的权重建议设置在0~1,因为权重大于1,出来的图片会变得很奇怪。

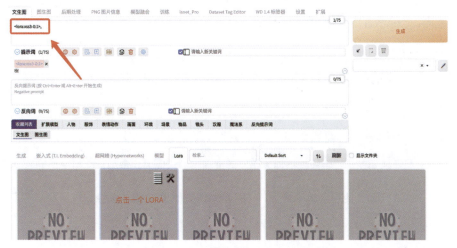

图 2-19

可以分别设置每一个Lora的权重，第一个设置为0.6，第二个设置为0.5，第三个设置为0.3。如果对图片不满意，可以继续调整Lora的权重。

在图2-17对应的提示词基础上，通过以上方法优化后，最终生成的图片如图2-20所示。

图2-20

2.6 ControlNet简介

通过前面的学习和实践，你如果已经开始使用Stable Diffusion，就会发现生成图片具有很大的随机性。我们往往需要不断地尝试，不断变更提示词，不断调整各项参数，才有可能得到一张相对满意的图片。

如果想把Stable Diffusion应用到实际工作中以满足业务需求或者实现变现，就需要掌握一些进阶技巧，如本节将介绍的ControlNet。

2.6.1 什么是ControlNet

ControlNet就是**控制网**，本质上是Stable Diffusion的一个扩展插件。类似于之前提到的Lora，它们都基于大模型进行微调。

然而，ControlNet可以实现许多之前无法达到的控制效果，并表现得十分出色，所以目前被广泛应用。

ControlNet的主要功能是通过提供额外的信息（比如姿势、线条、表情、法线等），为大模型生成图片提供明确指导，主要体现在以下三点。

（1）AI绘画的核心：最终生成的图片与我们想要的尽可能一致。

（2）AI绘画的现状：生成随机性太强，很难通过提示词去限定图片中每一个细节。

（3）解决方案：使用ControlNet来控制图像中的人体姿势／图像边缘／深度等多个元素，使生成图片精准可控。

2.6.2 ControlNet的参数解析

成功安装ControlNet后即可看到如图2-21所示的页面。

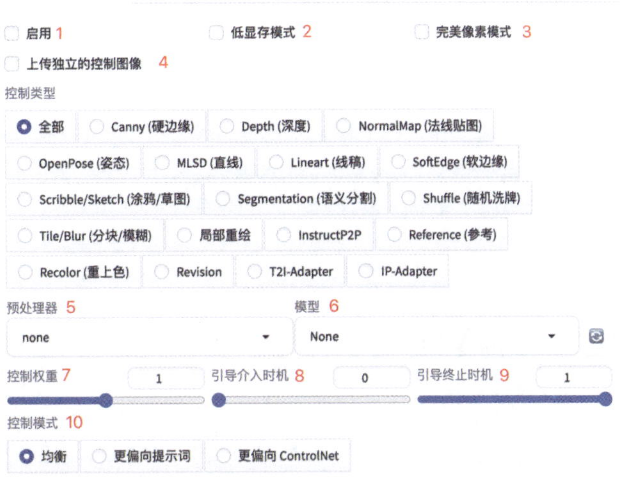

图 2-21

接下来对其中涉及的参数进行深度解析。

（1）**启用**：想要使用ControlNet功能就必须勾选启用，这样才可以使用ControlNet对生成的图片进行控制。

（2）**低显存模式**：勾选后计算机显存会被更高效地使用。如果计算机配置比较低，对生成图片清晰度要求比较高，可以启用，但是生成图片会慢一些。

（3）**完美像素模式**：高像素模式，建议勾选。主要解决上传的图片和生成的图片像素比例不一致的问题。

（4）**上传独立的控制图像**：预览模式，建议勾选。在上传的图片右边会出现一个小框，出现生成之前的预览图片。可以预览一下效果是否满意，不满意可以换图片或者换预处理器。

（5）**预处理器**：ControlNet的不同处理模型，不同模型的作用不一样。

（6）**模型**：ControlNet总共有14个模型，理论上来说有14种用法。一般情况下，预处理器和模型名字一样，是配套使用的。

（7）**控制权重**：通过ControlNet提取的特征在整个生图过程中占的比重有多高，一般默认为1，可以简单理解为与提示词的权重相等，具体数值可以根据需要进行调整。

（8）**引导介入时机**：ControlNet提取的信息在生图过程的什么时间节点开始起作用。一般默认为0即可，即从生图的一开始就起作用。

（9）**引导终止时机：** ControlNet提取的信息在生图过程的什么时间节点结束作用。一般默认为1即可，即从生图的最后一刻结束作用。

（10）**控制模式：** 三个生成算法模式。一般选择均衡模式。

2.7 ControlNet教程详解

熟悉了ControlNet的基础知识之后，接下来讲解ControlNet具体的使用方法。

2.7.1 姿势控制

姿势控制是一个常用功能，它可以实现非常多的效果。比如电商领域，由一名模特穿着衣服摆出各种姿势，然后用Stable Diffusion将图片中该名模特的脸部替换为另一名模特的。

实现姿势控制的模型是：**openpose模型**。

这个模型的主要作用是控制生成图片中人物的身体姿势、表情、手指。

可以只控制某一个或者两个，也可以三个一起控制，所以预处理器有以下5种类型。

- 身体姿势：仅控制身体姿势。
- 身体姿势+表情：控制身体姿势和表情。
- 表情：仅控制表情。
- 身体姿势+手指+表情：身体姿势、手指、表情三个一起控制。
- 身体姿势+手指：控制身体姿势和手指。

这几个预处理器对应的模型都是openpose，也就是说预处理器和模型是配套使用的。

1. 控制身体姿势

一般情况下，用Stable Diffusion生成一张图片，人物的动作都是随机的，除非我们通过提示词规定人物的动作。但是语言描述有时候作用有限，该使用哪些词来描述如图2-22所示的这个小男孩的动作呢？准确描述非常难。

但ControlNet可以让生成的人物摆出任何你想要的姿势，而且**生成图片与原图的**动作姿势一致性非常高，如图2-22所示。

（原图）　　　　　　　　　　（生成图片）

图 2-22

实现步骤

第一步，设置一个真实系大模型和关键词。

第二步，打开 ControlNet，上传反映自己想要生成姿势的图片。

第三步，设置参数，选择 ControlNet 的模型。

预处理器：openpose。

模型：openpose。

具体设置示例如图 2-23 所示。

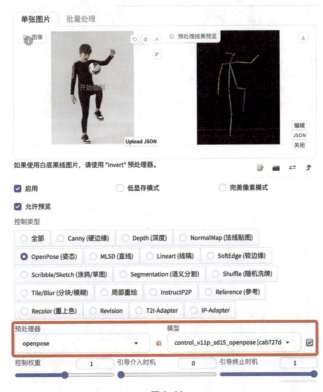

图 2-23

第四步，预览效果。

如图 2-23 所示，在勾选"允许预览"选项的情况下，可以看到，根据姿势，模特被提取成了一个火柴人，里面的小圆点就是人体的重要关节。

第五步，单击"生成"按钮。

> **注意**
>
> 所有ControlNet模型和预处理器的使用方法和流程与上面非常类似,所以后面讲解时,我只会给出模型和预处理器的名字。

2. 控制身体姿势和手指

openpose模型除了识别人物整体的姿势以外,还可以识别手指的骨骼,在一定程度上可以避免生成多手指或者缺少手指的图片。

图2-24所示的生成图片和原图的身体姿势以及手指动作都非常像。

（原图）

（生成图片）

预处理器:openpose_hand

模型:openpose

图 2-24

3. 控制表情

openpose模型除了控制人物的身体姿势、手指,还可以控制人物的表情。但是用ControlNet复刻人物表情,这一做法比较适用于特写照,这样识别出来的五官才会更加精确。

图2-25所示的生成图片与原图的人物表情的一致性非常高。

（原图）

（生成图片）

预处理器:openpose_faceonly

模型:openpose

图 2-25

4. 全面控制人物姿势

所谓的全面控制人物姿势就是复刻人物身体姿势、手指、表情。

图2-26所示的生成图片与原图的人物不管是表情、手指还是身体姿势都高度一致。

预处理器：openpose_full
模型：openpose

（原图） （生成图片）

图2-26

讲了这么多姿势控制的方法和工具，在应用中该如何选择呢？下面分享选预处理器的技巧。如果原图的手指骨骼比较清晰，可以用识别到手指的预处理器；如果识别出来的手指线条比较乱，那就只识别身体姿势，然后尝试通过提示词来优化手部细节；如果是特写照片，表情比较清晰，可以选择识别表情的预处理器。

2.7.2 风格约束

除了姿势控制，ControlNet还可以对图片风格进行控制。

1. reference 模型

reference模型可以很好地还原图中角色，然后让原图中的角色有一些改变，比如让坐着的人站起来，让静止的小猫跑起来。

图2-27所示的原图是一只静止的小猫，生成图片是一只跑起来的小猫。

预处理器：reference_only
模型：无

（原图） （生成图片）

图2-27

2. shuffle 模型

shuffle模型可以将某一张图片的风格应用到需要修改的图片上。

图2-28所示的原图是一张真实系风格的图片,而生成图片应用了油画风格。

(原图)

(生成图片)

预处理器:shuffle
模型:shuffle

图2-28

3. Normal 模型

Normal模型可以参考原图的明暗关系,并且还原原图的姿势。

图2-29所示的原图是一张夕阳下的人物图,生成图片不管是明暗关系还是人物的姿势,与原图是一样的。

(原图)

(生成图片)

预处理器:normal_bae
模型:norma、lbae

图2-29

以上3个模型在应用中该如何选择呢?下面分享一下我的建议。如果想要保持图片主角不变,改变主角的动作/形态,可以选择reference模型;如果想要改变图片的整体风格,可以选择shuffle模型;如果想要借鉴原图的明暗关系,可以选择Normal模型。

2.7.3 重绘——inpaint

这个功能与图生图的重绘功能是一样的，本质上就是用画笔涂抹图片中想要重新生成的部分，但是整体效果更好。

图2-30所示的原图和重绘图片人物的唯一变化就是女孩的衣服。

（原图）

（重绘图片）

预处理器：inpaint_global_harmonious

模型：inpaint

图 2-30

2.7.4 线条约束

与线条约束相关的模型一共有5个——lineart、canny、softedge、mlsd、scribble，下面逐一讲解。

1. lineart（线稿）

lineart是一个专门提取线稿的模型，应用场景非常多，可以针对不同类型的图片进行不同的处理。单击"lineart"，预处理器和模型就会自动切换，lineart又可细分为以下4种：

第一，lineart_coarse（素描线稿）；

第二，lineart_anime或者lineart_anime_denoise（动漫线稿）；

第三，lineart_standard（黑白线稿）；

第四，lineart_realistic（写实线稿）。

（1）素描线稿

素描线稿的作用是对素描图片进行上色。

图2-31所示的原图是一张线稿图，生成图片是上色后的图。

（原图）　　　　　　　　（生成图片）

图 2-31

预处理器：lineart_coarse（素描线稿）

模型：lineart

（2）动漫线稿

如果你想要改变一张动漫图片的背景、风格、主角的衣服等，可以使用这个预处理器。

图2-32所示的原图和生成图片保持了人物的一致性，但是人物的发色、衣服颜色、背景等都不一样。

（原图）　　　　　　　　（生成图片）

图 2-32

预处理器：lineart_anime 或者 lineart_anime_denoise（动漫线稿）

模型：lineart

（3）黑白线稿

黑白线稿的作用是对未上色的线稿进行上色。

图2-33所示的生成图片是上色后的图。

（原图）　　　　　　　　（生成图片）

图 2-33

预处理器：lineart_standard（黑白线稿）

模型：lineart

（4）写实线稿

写实线稿可以提取真实图片中的人物轮廓，用来创建一个二次元的头像。

图2-34所示的原图是真实系风格，而生成图片变成了偏二次元风格。

（原图）　　　　　　　　（生成图片）

图 2-34

预处理器：lineart_realistic（写实线稿）

模型：lineart

2.canny（硬边缘）

canny是硬边缘的意思，可以识别到画面最多的线条，这样就可以最大限度还原图片，比较适合生成二次元图片。同样对黑白线稿中的原图进行处理，看看canny和lineart_standard的差别。

图2-35所示的生成图片在原图基础上进行了上色。相比于lineart_standard，canny识别出来的线条要远远多于黑白线稿，生成图片的细节丰富度也更高。

（原图）　　　　　　　　　　（生成图片）

图 2-35

预处理器：canny（硬边缘）

模型：canny

3.softedge（软边缘）

与canny（硬边缘）相呼应，softedge是软边缘的意思，只能识别图片的大概轮廓，线条比较柔和，给Stable Diffusion更大的自由发挥空间。

图2-36所示是原图和生成图片的对比。softedge只能识别图片的大概轮廓，图片的细节比较少。

（原图）　　　　　　　　　　（生成图片）

图 2-36

预处理器：softedge_pidinet（软边缘）

模型：softedge

4.mlsd（直线）

mlsd（直线）只能识别直线，所以适合用于设计房子。

图2-37所示的生成图片完美识别出了原图中的直线。但是，因为这个模型只能识别直线，所以像球形灯等非直线物体都没有被识别。

（原图）

（生成图片）

图 2-37

预处理器：mlsd（直线）

模型：mlsd

5.scribble（涂鸦）

scribble（涂鸦）与图生图的涂鸦功能一样，利用该功能，将自己随手涂鸦的图片放进去，通过输入提示词，可以得到有着一样线条的图片。

图2-38所示的生成图片对最初的涂鸦图片的线条进行了还原并对整个画面进行了丰富。

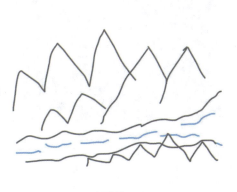
（原图）

（生成图片）

图 2-38

预处理器：invert

模型：scribble

2.7.5 空间深度约束——depth

这个模型可以很好地复刻线条,而且物品距离镜头的前后顺序比较清晰。

图2-39所示的生成图片对原图的空间关系进行了还原。这个模型能够生动显示空间纵深感。

(原图)

(生成图片)

图 2-39

预处理器:depth_leres

模型:depth

2.7.6 物品种类约束——seg

这个模型可以识别图片中不同种类的东西,然后用不同的颜色表示。

图2-40所示是原图和生成图片的对比。

(原图)

(生成图片)

图 2-40

预处理器:seg_ofade20

模型:seg

2.7.7 特效——ip2p模型

这个模型的作用是给图片加特效,比如改变季节、着火等。

图2-41所示的原图是一栋实拍的房子图片，生成图片是加了冬天特效的图片。

（原图）

（生成图片）

图 2-41

提示词格式：make it... 比如：make it winter（变成冬天）；make it catch fire（让它着火）

预处理器：无

模型：ip2p

2.7.8 给照片增加细节——tile模型

tile 模型的作用很多，下面来看两个例子。

1. 真人变动漫

图2-42所示的生成图片是在原图基础上生成的动漫风格图片。

（原图）

（生成图片）

图 2-42

预处理器：tile_resample

模型：tile

2. 动漫变真人

预处理器和模型的设置与"真人变动漫"一样，但是Stable Diffusion的基础模型要选择一个真实系大模型。

图2-43所示的生成图片是在原来动漫图片的基础上生成的真实系风格图片。

（原图）

（生成图片）

图 2-43

ControlNet的使用方法就讲完了，大家不必要求自己每个功能都掌握。

首先，要按照书中的步骤操作，看看每个模型以及预处理器的效果和区别。

其次，结合自己的使用场景，熟练使用3~4个效果好的功能。

要时刻牢记，工具是辅助人的，只有能帮助到自己的工具才是对自己有价值的工具。

2.8 Midjourney使用操作指南

学完Stable Diffusion的相关内容之后，接下来一起学习如何使用Midjourney。操作界面如图2-44所示。

图 2-44

2.8.1 开始使用Midjourney

为了能够在Midjourney上创建图像,需要在页面底部输入框使用一个命令(/imagine),输入一个提示词(prompt)。

下面演示如何生成第一张图,一共分为三步。

(1)在输入框中,调用/imagine命令,如图2-45所示。

(2)在prompt后面输入提示词,可以是一般性的描述或者更具体的风格等。比如直接输入"a cute cat"(一只可爱的小猫),如图2-46所示。

图2-45

图2-46

(3)按Enter键,等待20秒左右即可出图。图2-47所示为最终的效果。

这就证明Midjourney可以正常使用,是不是非常简单?

图2-47

2.8.2 Midjourney基础功能介绍

1. 放大图像:U按钮

如果对某一张图片比较满意,想让Midjourney生成包含更多细节、更高分辨率的大图,可以通过U按钮来实现。U1~U4对应的图片如图2-48所示。

图2-48

单击U1~U4中的任意一个按钮，则放大对应的图像。比如单击U3，则出现图2-49所示的页面。

图2-49

2. 重新生成图像

如果对Midjourney生成的4张图片都不满意，可以单击图2-50中右侧的按钮重新生成。

重新生成后的效果如图2-51所示。Midjourney会基于同样的提示词，再生成4张图片。

图2-50

图2-51

3. 在对应图片的基础上再生成4张新图：V按钮

Midjourney每次生成4张图时，我们可以选择一张相对满意的作为"种子"图片，在这张图片的基础上，通过V按钮，生成4张与种子图片风格类似的另外4张，如图2-52所示。

图2-52

比如选择V4，可以看到新生成的4张图不管是风格还是颜色，都与第4张图（原图）非常像，如图2-53所示。

4. 轻微的变化：Vary(Subtle)

Vary(Subtle)是指在原图的基础上做轻微的变化。使用这个功能生成的4张图与原图内容差不多，只是改变了一些细节，有了轻微的变化。功能按钮如图2-54所示。

改变之后的效果如图2-55所示。

图 2-53

图 2-54

图 2-55

5. 剧烈的变化：Vary（Strong）

Vary（Strong）是指在原图的基础上做相对剧烈的变化。使用这个功能生成的4张图相比原图变化很大。功能按钮如图2-56所示。

改变之后的效果如图2-57所示，整体来说，改动幅度要比Vary(Subtle)大一些。

图 2-56

图 2-57

6. 局部重绘：Vary(Region)

与Stable Diffusion类似，Midjourney目前也有局部重绘功能，支持重新生成已生成图片的部分区域的细节。功能操作按钮如图2-58所示。

图2-58

单击Vary(Region)之后，弹出一个新页面，如图2-59所示。可以通过左侧两个工具选中需要重绘的区域。

图2-59

选中猫咪眼部区域，并在提示词中加入"blue eyes"，如图2-60所示，以让猫咪的眼睛变成蓝色。设置完成之后单击右侧箭头。

图2-60

生成的图片如图2-61所示。

图 2-61

7. 缩小 2 倍 /1.5 倍：Zoom Out 2x 或者 Zoom Out 1.5x

Zoom Out 2x或Zoom Out 1.5x相当于摄像机镜头向后拉，让主体的更多信息呈现在图片中。功能按钮如图2-62所示。

单击之后，效果如图2-63所示。

图 2-62

图 2-63

8. 自定义修改倍数和尺寸：Custom Zoom

Custom Zoom支持修改图片尺寸、扩展倍数。功能按钮如图2-64所示。

单击之后，出现图2-65所示的对话窗口。

我们可以直接在输入框内修改图片尺寸、扩展倍数，把图片尺寸修改为4:3，扩展倍数变为2，如图2-66所示。单击提交按钮。

图 2-64

图 2-65

图 2-66

最终的效果如图2-67所示。

9. 扩展图像

Midjourney支持从左、右、上、下4个方向对图像进行扩展。功能按钮如图2-68所示。

比如单击左向箭头按钮，图像会向左扩展。如图2-69所示，猫咪左侧扩展出了新的图像内容。

图 2-67

图 2-68

图 2-69

2.8.3 Midjourney基本操作命令

以下是Midjourney 基本操作命令以及每个命令的具体作用。

/imagine：生成图像的命令，这是作图最常用到的命令。

/help：提供有关 Midjourney 使用的帮助手册。比如基础命令的使用介绍、选项的使用方法、会员频道等。

/info：显示有关账户和使用情况的信息。比如用户ID、会员到期日、可见模式、快速模式的剩余时间、快速出图数量等。

/subscribe：返回一个链接，订阅计划或取消订阅。

/fast：把计费模式改为快速生图模式，与之相反的是 /relax 模式。

/relax：把计费模式改为放松模式，出图模式相比于快速生图模式慢一些。

/public：使所有艺术品公开展示。

/private：激活私人模式，使其他用户无法看到用户正在进行的工作。

/settings：进入设置界面，浏览或者调整各项个性化设置。

大多数人在大多数场景下，只需使用/imagine。

2.8.4 Midjourney 生图类的命令

1. 命令：/imagine

一条完整的生图命令包含以下三部分：图像提示+文本描述+参数。

（1）图像提示： 习惯称之为"垫图"，也就是把想要参考图片的URL放到这个位置，从而影响最终生图的样式和结果。如果不需要垫图，则这部分不用填写。

（2）文本描述： 文本描述即提示词，也就是想要Midjourney生成的图像的文本描述。一个高质量的文本描述一般包含以下几个维度。

文本描述=主体+场景+风格+摄影角度。

主体：也就是要画什么，比如人、动物、植物等。

场景：也就是主体所在的环境，比如山谷中、草原上、游乐场、室内、大海上等。

风格：也就是绘画风格，比如国风风格、漫画风格等。

摄影角度：也就是拍摄角度，比如特写、近景、中景、全景、远景等。

（3）参数： 参数可以改变图像的生成方式，比如宽高比、模型版本、放大器等，这部分内容在2.8.5小节详细介绍。

2. 命令：/describe

我们经常想要复现在网上看到的一张喜欢的图片，但是对方没有分享提示词。/describe命令的作用就是它提供了一种可以反推图像提示词的方法，与Stable Diffusion图生图的反推功能是类似的。

第1步：输入命令。

在Discord 服务器中输入/describe，后跟一个空格。

这里提供了两个选项（见图2-70）：（1）直接上传图片；（2）填写图片链接。这两种方法都是有效的。

图 2-70

第 2 步：获得提示词。

上传图片或者图片链接后，Midjourney 将返回一个名为"启动提示词"的列表，如图 2-71 所示。

这些提示词本质上是尝试再现相似图片的 4 种不同方法。

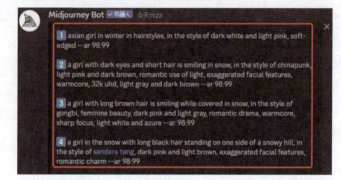

图 2-71

需要注意的是，Midjourney 给的提示词只是一些粗略猜测，没有针对任何特定版本的 Midjourney 模型进行优化，所以目前只可以用来参考，要想直接使用还需要进行调整。

第 3 步：调整提示词。

如果中意某一个提示词，直接单击图片下的对应序号的按钮就可以，这里选择序号 2，如图 2-72 所示。

当按下按钮时，将会打开一个图 2-73 所示的对话窗口。

图 2-72

图 2-73

在这个对话窗口，我们可以调整提示词、添加参数，甚至插入图片引用链接进行垫图。优化完成之后，单击提交按钮。

第4步：查看图片，如图2-74所示。

图 2-74

生成图片集后，如果对图片满意，可以直接下载使用；如果不满意，可以使用2.8.2小节中的方法继续优化。

有读者可能会问：为什么生成的图片与原来的图片不一样？

首先，Describe识别提示词就是进行推测，准确度不够高；其次，由于Midjourney模型对语义的理解度不够高，生图具有随机性，所以通过这种方式很难复制原图。

尽可能接近特定的风格、特定的对象、效果、相机角度或灯光设置，这就是/describe命令的主要作用。

3. 命令：／blend

/blend命令的作用是把上传的多张图片融合起来，生成一张经过混合计算的图片。

第1步：输入／blend命令，会出现图2-75所示的页面，最多允许上传5张图片。

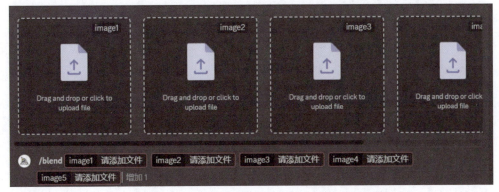

图 2-75

第2步：上传图片到对应的位置。这里上传以下两张图片，如图2-76所示。

图2-77是融合两张图片之后的图片。

图2-76　　　　　　　　　　　　　　　　　图2-77

2.8.5 Midjourney 后缀参数

参数是提示词的最后一部分，可借此更改图像生成方式，并且可以向每个提示词添加多个参数。

示例：/imagine 关键词描述 --parameter1 value1 -- parameter2 value2。其中parameter是参数名，如表2-2中的ar、seed、iw等；value是指各个参数的取值。每个参数的作用如表2-2所示。

表2-2

参数	作用
--ar	用于调整生成图片的长宽比
--c	用来控制生成的4张图片的风格统一性
--q	用于调整生成图片所需的时间和图片细节
--seed	用来固定生成图片的种子值
--iw	用来控制上传图片的权重值
--tile	用于生成重复拼贴的图片
--s	用来控制单张图的风格化差异
--r	用于一次性重复生成很多组四宫格图片，即重复生图
--no	用于控制不希望出现在图片中的内容
--video	用于获取图片生成过程中的视频

CHAPTER THREE

第 3 章

AI视频生成工具指南

上一章系统讲解了AI图片生成工具的使用方法,而视频也是一种非常重要的内容载体,这一章将系统讲解AI视频生成工具。

3.1 基础AI视频生成工具介绍

在AI视频领域都有哪些好用的工具？其各自的优缺点是什么？下面介绍两款视频生成效果不错的工具。

3.1.1 Runway

2023年3月，Runway Gen-2 推出，这是一次重要的版本升级，其支持将文字、图片生成视频。这是市场上第一个公开可用的文本到视频模型，而且生成的视频细节和提示词一致性达到了前所未有的水平，这次版本升级代表多模态 AI 进入新阶段。

该工具提供基于文本和图像的视频生成功能，并提供多种视频风格和运动笔刷等视频编辑工具。

优点如下：

- AI模型对用户需求的语义理解能力比较强，可以提供更精确的生成结果；

- 相对更优的处理性能，使用户能够更快地生成和处理视频和图像；

- 支持多种协作功能，比如共享项目、实时协作等。

缺点如下：

- 对新手而言功能较多，操作复杂，上手难度较大；

- 套餐价格比较贵。

3.1.2 Pika

2023年11月，美国AI初创公司Pika labs发布了第一个产品Pika 1.0，主打AI 视频生成。这款产品主要提供了3种视频生成方式，以及增加了4s/嘴唇同步/声音特效等多种视频编辑功能。

优点如下：

- 用户界面友好，容易上手，被视为视频生成"神器"；

- 支持文本、图像和视频3种生成视频方式；

- 视频主体的一致性比较高。

缺点如下：

- 与 Runway Gen-2 相比，在高级编辑和某些专业功能上配备较少；

- 与Runway Gen-2相比，Pika在画质和稳定性方面还有待提高。

3.2 AI视频生成工具使用教程

了解了两个工具的整体情况之后，接下来介绍两个工具的操作技巧和使用步骤。

3.2.1 Runway使用教程

注册登录之后进入首页，如图3-1所示，单击"Start Generating"（开始生成）按钮。

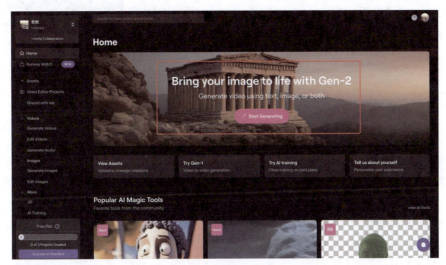

图 3-1

然后会看到如图3-2所示的操作编辑页面。

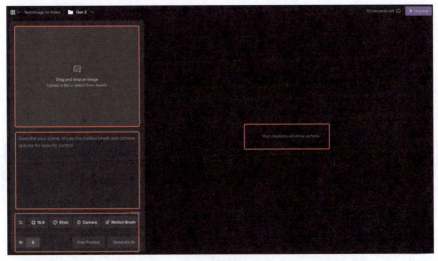

图 3-2

操作编辑页面主要分为四大区域：

（1）左上是图片生成视频区域；

（2）左中是文本生成视频区域；

（3）左下是视频相关的设置区域；

（4）右侧是视频生成展示区域。

1. 图片生成视频

图片上传支持两种方式，一种是计算机本地上传，另一种是网站素材文件夹上传。上传完成后显示效果如图3-3所示。

图3-3

2. 文本生成视频

如果想要获得更好的视频生成效果，提示词非常重要。提示词需要对视频风格、物体运动、镜头方向等进行详细描述。举例如下。

视频风格修饰词：

- Digital art（数字艺术）
- Cartoon（卡通）
- Pixel（像素艺术）
- sci-fi art（科幻艺术）

物体运动提示词：

- jogging（慢跑）
- flying（飞翔）
- climbing（攀爬）
- speeding（急速行驶）
- running（奔跑）

相机特定术语：

- 拍摄角度：full shot（全景）、close up（近景）等

- 镜头类型：macro lens（微距镜头）、wide angle（广角）等

- 相机移动：slow pan（慢速平移）、zoom（缩放）等

3. 视频设置功能

（1）标准设置：一共有3个选项，一般建议默认Interpolate（使视频帧更丝滑地过渡），如图3-4所示。Upscale（提高分辨率）和Remove watermark（去水印）这两个功能都需要升级付费账号才能使用。

（2）视频长宽比/纵横比：用来设置生成视频的长宽比，默认16:9，如图3-5所示，一共6个固定选项。

图3-4

图3-5

（3）Style：设置视频风格，Runway提供包括电影风格、数字艺术、动漫、概念艺术等33种视频风格，可以选择任意一种自己喜欢的风格，如图3-6所示。

（4）Camera：可以设置视频中摄像机的运动方向和速度，如图3-7所示。

Horizontal: 在水平方向左右移动。

Vertical：在垂直方向上下移动。

Pan: 相机平移。

Tilt: 相机倾斜，可以向上或向下倾斜。

Roll: 相机围绕场景旋转，可以顺时针旋转和逆时针旋转。

Zoom：相机缩放，可以选择放大和缩小，可以理解为镜头的拉近和拉远。

图 3-6

图 3-7

（5）Motion Brush：运动笔刷，只需要在图像上任意涂抹，就可以让静止的物体动起来。

通过提示词生成一张图片，或者上传一张图片，跳转到编辑页面，如图3-8所示。

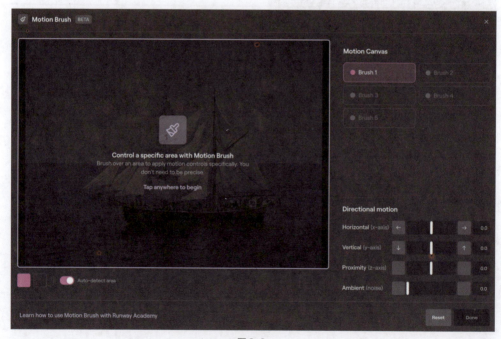
图 3-8

单击画笔工具，在画面中需要运动的地方涂抹开，图3-9所示的红色区域是已涂抹区域。

一共5个笔刷，每个笔刷颜色不一样，都可以调整参数，实现精准控制，也就是可以同时对图像中的5个物体分别设置运动方向和形式，如图3-9所示。

图 3-9

如果不小心涂过界了,可以单击左下角的橡皮擦按钮进行擦除,如图3-10所示。

图 3-10

选择某一个笔刷就可以设置下方的参数：

- Horizontal（向水平方向移动）；
- Vertical（向垂直方向移动）；
- Proximity（控制元素渐渐消散/模糊的程度，可以选择0，即保持移动前后形状不变）；
- Ambient（调整光照、氛围）。

除了以上5种设置功能，还有General Motion设置功能。可以通过它来增加或者降低视频中的动作强度，默认为5，数值越高，视频动作越多，如图3-11所示。

图 3-11

3.2.2 Pika使用教程

登录成功之后的页面如图3-12所示。在Explore列表中可以看到其他人分享的作品，在My library列表中可以看到所有自己生成的视频作品。

首页底部是与视频生成相关的功能。目前Pika支持3种视频生成方式，即根据文本、图片和视频生成视频，如图3-13所示。

图 3-12

图 3-13

图3-13的右下角有3个视频的通用设置，不管是哪种视频生成方式，设置方式都是一样的。

（1）视频的宽高比和帧率

宽高比默认是16:9，一共提供了6个选项，如图3-14所示，当前不支持自定义宽高比。帧率默认是24，帧率越高，画面效果越好。

图 3-14

（2）摄像机移动设置和动作强度设置

Pika提供了Pan（水平移动）、Tilt（上下移动）、Rotate（旋转移动）、Zoom（放大缩小）4个控制项，如图3-15所示。

Strength of motion 代表运动幅度，默认值为1。运动幅度值越大，生成的目标运动的幅度就越大。

（3）其他设置

• Negative prompt（负面提示词）：不希望出现的物品反向提示词。

• Seed（种子值）：输入相同的数字，可以保持生成人物的一致性。

• Consistency with the text（与文本的一致性）：默认值是12，数值越大，生成的视频就越符合输入的提示词，如图3-16所示。

图3-15

图3-16

第一种方式：文生视频流程

在首页底部直接输入提示词，比如：A young man at his 20s is sitting on a piece of cloud in the sky, reading a book.（一个20多岁的年轻人坐在天空中的一片云上看书）。单击右侧的生成按钮，如图3-17所示。

生成的视频效果如图3-18所示，我们可以对视频进行进一步的操作（有5个选项），不管是文生视频、图生视频还是视频生视频，操作都是一样的。

图3-17

图3-18

（1）Retry：重新生成

如果对生成的视频不满意，可以基于一样的提示词重新生成视频。

（2）Reprompt：重新修改提示词

如果之前的部分提示词没有生效或者想要基于原有提示词做修改，可以使用该功能。修改之后Pika会基于修改后的提示词重新生成视频。

（3）Edit：编辑视频

如果对视频的整体生成效果比较满意，想要基于生成的视频做细节调整，可以单击Edit，会出现4个新的功能，即Modify region、Expand canvas、Lip sync、Sound effects，如图3-19所示。

（4）Add 4S：增加4秒

Pika生成的视频默认是3秒，单击该按钮在已生成视频时长的基础上再增加4秒，以保证人物的连贯性，但动作走向可以不断变化。这个功能让Pika生成长达几分钟或者更长的视频变得可能。

图 3-19

Modify region：修改特定区域

如果想要更改视频的局部细节，可以使用这个功能，与文生图的局部重绘功能一样。比如当前生成的男孩偏向于欧美人，我想生成一个中国男孩，这时候我就把男孩的头部区域选中，然后把提示词修改为：一个20多岁的中国男孩坐在天空中的一片云上看书，如图3-20所示。

图 3-20

重新生成之后的视频效果如图3-21所示。

Expand canvas：画布延展

因为默认生成的视频宽长比是16:9，如果想对已生成的视频进行画布延展，可以单击Expand canvas，然后会出现6个选项，如图3-22所示，这里选择1:1。

重新生成之后的视频效果如图3-23所示。

图 3-21

图 3-22

图 3-23

Lip Sync：嘴唇同步

这个功能支持生成的角色张口说话。

有两种实现形式（见图3-24）：第一种是上传一段文本，然后生成对应的音频；第二种是直接上传一段音频。

Sound effects：声音特效

可以根据生成的视频生成对应的声音，Pika社区里有很多案例可以直接参考。这个是付费功能。

图 3-24

第二种方式：图生视频流程

与文生视频流程类似，图生视频的流程非常简单。直接单击首页底部的 Image or Video 上传图片，如图3-25所示。

图 3-25

基于图3-26撰写提示词，比如：A car was speeding on the forest road（一辆汽车飞速行驶在林间马路上）。

图 3-26

生成视频之后，对视频的编辑操作与文生视频一样，不再赘述。

第三种方式：视频生成视频流程

视频生视频的入口与图生视频是一样的，流程也非常类似，不再赘述。各位读者可以自行体验。

CHAPTER FOUR

第 **4** 章

用AI快速输出思维导图

这一章介绍如何通过AI工具快速输出思维导图。

思维导图广泛应用于各行各业，能够帮助整理和展现复杂的信息，梳理思路，提高工作效率，因此对需要进行信息整理和沟通的人来说是非常有用的工具。

一般来说，以下几个岗位在不同场景下需要运用思维导图。

• 项目经理：运用思维导图进行项目计划、任务分配和项目进度跟踪，帮助团队梳理思路和管理项目。

• 研发工程师：运用思维导图进行技术架构设计、流程分析等，帮助整理和优化技术方案。

• 咨询顾问：运用思维导图整理客户需求、分析解决方案，帮助客户更直观地理解业务问题和提供解决方案。

• 教育培训人员：运用思维导图进行课程设计、知识整理，帮助学员更好地理解知识结构和逻辑关系，提升学习效率。

• 销售人员：运用思维导图整理客户需求、产品优势，帮助销售人员更清晰地和客户沟通产品信息。

• 创意策划人员：运用思维导图整理创意灵感、活动方案，帮助构建创意思维和活动策划逻辑。

在有效的AI工具出现之前，想完成一份高质量的思维导图需要2~4个小时，但是AI工具不用半个小时就能完成。

AI工具辅助输出思维导图的具体方法有哪些呢？

方法一：借助ChatGPT生成思维导图。

方法二：直接使用思维导图软件的AI功能，生成思维导图。

4.1 借助ChatGPT生成

使用这种方法生成思维导图有3个步骤：

第一步，用ChatGPT生成思维导图的文字内容；

第二步，把文字内容保存成markdown格式文档；

第三步，导入XMind等工具中自动生成思维导图。

4.1.1 用ChatGPT生成思维导图文字内容

假设我是一名电商产品经理,刚接手一项新任务,即提升App的转化率,我要使用思维导图向领导汇报方案,但是我完全没思路。

我先让ChatGPT帮我生成文字内容,提示词如下。

```
#角色:
-你是一名电商产品专家,擅长提高整个电商转化流程中每一个环节的转化率。
##背景:
-你是一名电商领域的产品专家,负责过多款商品交易总额过百亿元的电商网站的产品设计工作,有着丰富的产品设计的经验和知识,请为我写一个思维导图。主题是:如何提高电商各个转化环节的转化率。
##限制条件:
-电商完整的转化路径包括:首页、搜索、商品详情页、购物车、提交订单页面、支付页面等环节。
-每一个页面/环节要包含三级。
-每一级都输出详细的具体案例和方案。
-以markdown的格式输出,写入代码块中。
```

来看一下ChatGPT输出的markdown格式的答案,由于篇幅较多,以下仅展示局部。

```
# 如何提高电商各个转化环节的转化率思维导图
## 首页
- **吸引注意力**
  - **视觉引导**:使用动态banner和主题活动区域,吸引用户注意力。案例:天猫双11主页设计。
  - **个性化推荐**:基于用户历史浏览和购买行为,展示个性化商品推荐。案例:亚马逊首页的"为你推荐"。
- **提升信任感**
  - **品牌展示**:展示合作品牌Logo,增强品牌信任。案例:苏宁易购首页合作品牌区。
  - **用户评价**:展示真实用户评价,提升商品可信度。案例:淘宝首页的好评商品区。
  - **安全认证**:展示支付安全、正品保障等认证标志。案例:网易考拉海购的正品保
```

证标识。

- **促进行动**

  - **显眼的搜索框**：放大并置于显眼位置的搜索框，鼓励搜索行为。案例：拼多多首页设计。

  - **入口分类明确**：清晰的商品分类导航，帮助用户快速找到感兴趣的商品分类。案例：天猫首页的分类导航设计。

  - **引导注册/登录**：通过优惠券、积分等激励措施鼓励用户注册或登录。案例：唯品会的新用户红包。

> **注意**
>
> ChatGPT输出的内容，只能当作参考，要想得到符合预期的答案，一定要基于ChatGPT输出的内容进一步优化，将不符合实际业务场景的内容删掉或者修改为其他内容，将创新点补充进去。

当该部分的内容优化到我们满意后，就可以进行下一步。

4.1.2 保存成markdown格式

在ChatGPT中，单击右上角的"Copy code"按钮复制内容，如图4-1所示，然后新建一个markdown格式的文本文件。

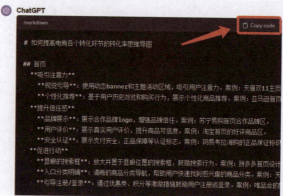

图4-1

4.1.3 导入AI思维导图工具

通过上传markdown格式文件自动生成思维导图的工具非常多，比如TreeMind树图、Xmind Copilot、ChatMind、AmyMind、boardmix等，可以选择任意一款使用。

接下来以boardmix为例,演示具体的实操过程。

第一步: 在首页选择"思维导图"──→"导入文件转化为思维导图",如图4-2所示。

图 4-2

第二步: 选择生成的markdown格式文件,即可一键生成思维导图。

如果对思维导图的风格、内容等不满意,可以利用左侧以及顶部的操作栏继续调整,如图4-3所示。

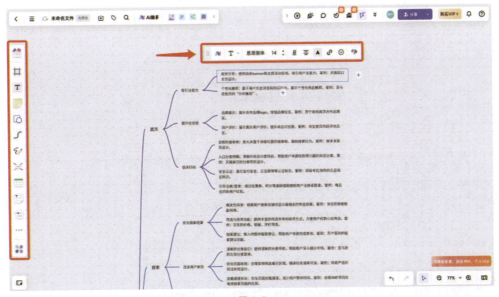

图 4-3

4.2 用思维导图软件自带AI功能生成

目前大多数思维导图软件都有AI功能,可以直接生成思维导图。接下来还是以boardmix为例,演示具体使用方法,读者可以自行对比哪种方法效果更好。

第一步: 在首页选择"思维导图"──→"AI一键生成思维导图",如图4-4所示。

图 4-4

第二步: 出现如图4-5所示的弹窗之后,在输入框中输入问题。

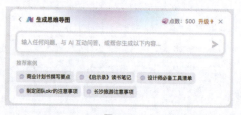

图 4-5

第三步: 这里为方便比较,直接将第一种方法中的提示词复制粘贴到输入框中,单击发送按钮,如图4-6所示。

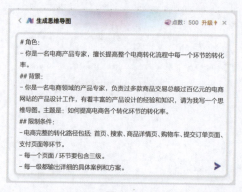

图 4-6

第四步： boardmix会直接生成思维导图，如图4-7所示。

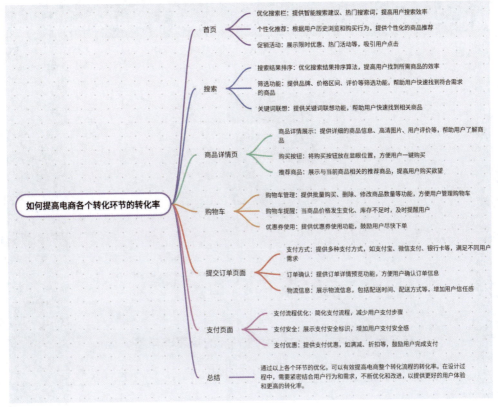

图 4-7

对比两种方法的效果。

首先，在内容框架上，方法一的二级标题，比如"提升信任感""促进行动""改善用户体验"等侧重于描述结果，而方法二仅提供一些细节建议。如果是汇报场景，方法一的逻辑更符合电商产品经理的定位。

其次，在方案的可落地性上，方法一不仅提供了设计思路，还提供了对应的案例，可落地性要远胜于方法二。

CHAPTER FIVE

第 5 章

用AI高效制作PPT

在实际工作中,需要应用到PPT的场景非常多,因此本章主要讲解如何用AI高效制作PPT。

在实际工作中，需要应用到PPT的场景非常多。

- **会议演示**：向同事、上级或客户演示项目进展、成果、计划安排等内容时，通常需要通过PPT来清晰地传达信息。

- **产品介绍**：在业务洽谈、展会上演示等场合，使用PPT展示产品的特点、优势、应用场景等，能够吸引更多目标群体的注意力。

- **汇报总结**：在团队例会、项目汇报等场合，用PPT梳理工作内容、结果、问题和建议，有助于清晰、有条理地传达自己的想法和观点。

- **培训教育**：将知识内容、案例分析、学习要点等制作成PPT，便于学员理解和消化。

- **数据展示**：用PPT展示公司业绩、市场趋势、调研数据等内容，通过图表和数据呈现形式，将信息直观地呈现给观众。

除了以上几种场景之外，实际工作中需要应用到PPT的情况还有很多。无论何种情况，PPT都是一个有效的沟通工具和展示平台，能够帮助你更好地表达自己的观点和内容。

5.1 一份优秀PPT的特点

一份优秀的PPT应具备以下特点。

- **简洁明了**：内容简洁明了，文字精练、排版清晰，避免内容过多和排版混乱。

- **结构清晰**：PPT需要有清晰的结构，可以采用标题、副标题、重点内容等来组织内容，保证逻辑清晰。

- **图文并茂**：合理使用、图表和少量关键词，以图表形式呈现数据和信息，使得PPT更生动、直观。

- **统一风格**：保持整体风格的一致性，包括字体、配色、排版等，使得整个PPT看起来专业。

- **重点突出**：突出重点内容，可以通过颜色、动画等方式进行强调，吸引观众注意力。

5.2 AI工具——爱设计

市面上辅助制作PPT的AI工具非常多，下面以爱设计为例进行讲解。

图5-1所示是通过这款工具实现的效果。

图 5-1

那具体该如何操作呢？接下来详细讲解。

第一步：在输入框中，输入要制作的PPT主题。比如我输入的主题是"45天成功转行AIGC产品经理经验分享"，如图5-2所示。

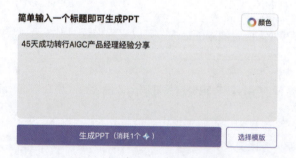

图 5-2

第二步：单击"生成PPT"按钮，此时右侧显示"正在生成PPT文案"，左下角持续生成PPT内容大纲，如图5-3所示。

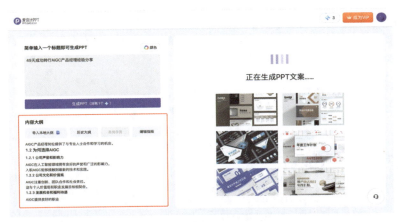

图 5-3

第三步：生成结束之后，需要选择一个自己喜欢的PPT模板，或者直接选择随机模板，如图5-4所示。

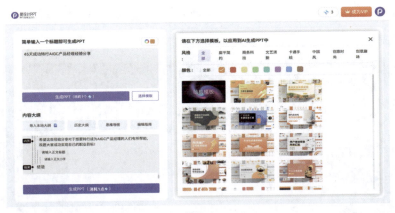

图 5-4

第四步：更改内容大纲或者直接单击"点击编辑"按钮，如图5-5所示。

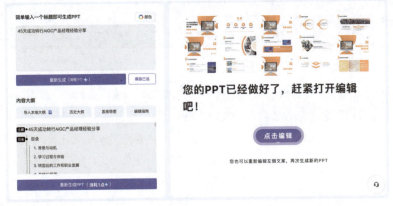

图 5-5

AI工具生成的内容大纲支持手动编辑。因为AI工具生成的内容大纲并不一定符合实际要求，我们可以在左侧手动编辑，主题、每一级的目录等都可以按照需求修改，如图5-6所示。

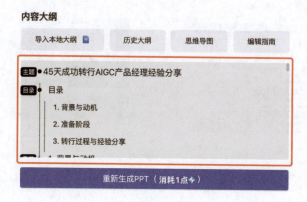

图5-6

如果不想使用AI工具生成的内容大纲，可以导入本地大纲。目前爱设计支持以下5种格式的文件直接导入，如图5-7所示。

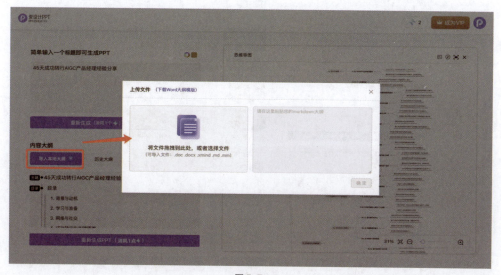

图5-7

第五步：优化大纲到自己满意或者不修改大纲直接单击"点击编辑"按钮进入如图5-8的页面，大家可以根据自己的需求对PPT进行修改。

图 5-8

第六步：编辑完成之后，可以单击"下载"按钮将PPT保存到本地，如图5-9所示。至此，一份符合自己需求的PPT就制作完成了。

图 5-9

也许之前需要花1~2天才能做出来一份PPT，而现在只需要1~2小时就可以完成了。

CHAPTER SIX

第6章

用AI帮我们写周报

本章将带着各位读者学习如何用AI快速写周报，总结一周的内容。

每到星期五，很多职场人需要写周报。周报字数太少，会让领导觉得你敷衍；周报字数太多，又会耗费很多时间。

那有没有高效的方法呢？答案就是使用AI。

6.1 优秀周报的内容

一般来说，一份优秀的周报会清晰地呈现以下几个方面的内容：

- 本周的工作内容；
- 问题和困难；
- 下周计划。

那么如何用AI快速写出一份具备上述内容的周报呢？首先要做的就是梳理一周的工作内容。

本周工作内容：
1. 与A部门进行了3次内部沟通。
2. 输出了一份新能源行业的市场分析报告。
3. 输出了一份结合AIGC提高部门营销效率的方案。
4. 对公司内部工具B提出了一些优化建议，已提交给产品经理，但是还没有收到反馈。
5. 对比分析了5家公司智能客服系统的优缺点，已提交上级审批，暂未决定购买哪家产品。

下周计划：
1. 跟进内部工具B优化方案的落地。
2. 输出一份AIGC智能导诊业务的产品设计方案。

上面一共列了7点，整体内容偏少且工作价值不突出。那怎么办呢？接下来要用AI扩写周报。

6.2 优秀周报生成方法——使用简化版提示词

可以直接参考下面的提示词或者按照自己的需求优化。

请以下面我提供的周报作为基础，对周报内容进行润色和扩写，突出最重要的内容。
"""
本周工作内容：
1. 与A部门行了3次内部沟通。
2. 输出了一份新能源行业的市场分析报告。
3. 输出了一份结合AIGC提高部门营销效率的方案。

4. 对公司内部工具B提出了一些优化建议，已提交给产品经理，但是还没有收到反馈。

5. 对比分析了5家公司智能客服系统的优缺点，已提交上级审批，暂未决定购买哪家产品。

下周计划：

1. 跟进内部工具B优化方案的落地。

2. 输出一份AIGC智能导诊业务的产品设计方案。
"""

要求：

1. 整体周报字数不少于500字。

2. 一定要突出我的工作价值和工作内容饱和度。

3. 严格按照周报的格式输出，每项工作内容开头需要用一个粗体的关键词概述这项工作是什么，并应易于阅读和理解。

下面是ChatGPT给出的答案。

本周工作内容：

内部协调：本周，我积极促进了部门的沟通与协作，共进行了3次与A部门的深入内部沟通。这些会议中，我们不仅解决了正在进行的项目中存在的问题，还促进了跨部门间的信息共享和资源整合，从而提高了公司内部的工作协同效率。

市场分析：产出了一份翔实的新能源行业市场分析报告。该报告深入探讨了行业趋势、竞争格局和潜在增长点，为公司战略规划和决策提供了强有力的数据支撑。

策略规划：我输出了一份结合AIGC的营销效率提升方案，该方案旨在利用人工智能和生成内容技术全面提高市场营销的响应速度和个性化水平，预计将显著提升营销投资回报率。

优化建议：对公司内部工具B提出了创新性优化建议，并提交给产品经理。这些建议针对的是提升工具效率和用户体验，我将密切关注后续的反馈以进一步推动工具的改进。

竞品分析：完成了5家公司智能客服系统的对比分析工作，并将分析报告提交给上级审批。通过明确的数据和深入的洞察，为公司选型决策提供了依据，展现了我在市场观察和技术评估方面的专业价值。

下周计划：

1. 优化跟进：我将重点跟进内部工具B优化方案的实施情况，确保所有提出的优化措施能够得到有效执行，并对用户体验产生积极影响。

2. 产品设计：计划输出一份AIGC智能导诊业务的产品设计方案，针对的是提升客户服务质量和效率，同时通过新技术提供更为先进的诊疗辅助服务，以此来巩固公司在医疗健康市场上的竞争力。

通过上述行动计划，我旨在将自己的工作内容与公司愿景紧密结合，持续推动公司向前发展，显著提升工作效率和业务性能。

我给这份周报打85分，有以下3个原因：

（1）整体语言比较自然，符合周报的行文风格；

（2）对我的内容进行了扩写，既符合事实又突出了工作价值；

（3）按照要求做到了重点突出以及符合周报的标准格式。

> **注意**
>
> 标红的部分还是很官方，这部分就要自己手动修改了。

写这样一份周报，只需5~10分钟，然后再花2~3分钟进行格式整理就可以发送了。如果全程人工写，至少要1个小时。

6.3 优秀周报生成方法——使用结构化提示词

如果实在太忙，没有时间梳理自己的工作内容，则可以直接让AI输出周报初稿，然后在此基础上修改、优化。接下来教大家一套适合大多数岗位的结构化提示词。

职场中每个人都有固定的角色，可以根据自己的岗位写一套固定的结构化提示词，每周直接使用就可以。

下面展示针对产品经理这个岗位撰写的提示词，各位读者可以参考使用。

#角色：
-你是一名互联网行业产品经理职业方向的周报生成专家，擅长帮助产品经理这个岗位输出优质的周报。
##背景：
-我是一名互联网行业的产品经理，每周五都要给领导写一个周报，系统、逻辑清晰地汇报这周做的事情，以及下周的整体计划。你需要结合我这个岗位的技能模型出一份综合性的周报。

限制条件：

1. 严格遵循周报的撰写格式和逻辑。
2. 逻辑严谨，结构清晰，口语化表达。
3. 体现出我的工作很饱和，工作对公司、对部门都有很大的价值。
4. 字数不少于500字。
5. 每项工作内容开头需要用一个粗体的关键词概述这项工作是什么，并应易于阅读和理解。

示例：

以下是一份产品经理这个职业的周报思路，你需要在周报中尽可能凸显出下面所示的技能，并说明实际案例。

-**用户调研**：突出与用户或客户反馈相关的任何活动，了解他们的需求，并提出改进建议。

-**市场研究与分析**：分享在本周进行的市场研究、行业趋势或从其他相关分析中获得的见解。

-**竞品分析**：展示本周做的与自己负责的业务/产品相关的竞品分析报告，包括竞品名称、竞品优缺点说明。

-**产品设计**：详细说明在本周完成了什么产品的方案设计工作，并详细阐述产品实现逻辑。

-**项目与任务管理**：详细说明在特定项目或任务中的参与情况，包括计划、优先安排和执行。

-**数据分析**：说明本周分析的任何重要数据或指标，提供有关未来策略的见解。

-**下周计划**：简要概述即将到来的一周的重点，指明潜在的任务和目标。

输出格式：

XXX领导，您好，以下是我本周的周报。

一、本周工作内容

1.

2.

3.

二、下周工作计划

1.

2.

3.

接下来看一下ChatGPT给的答案。

XXX领导，您好，以下是我本周的周报。

一、本周工作内容

1. **用户调研**：本周，我完成了针对产品的用户调研，收集了200多位用户的反馈。通过用户反馈，我发现了几个关键的用户痛点，已经提出了相应的功能改进方案，计划与研发团队讨论这些改进措施。

2. **市场研究与分析**：我进行了深入的市场研究，关注了当前的行业趋势，对潜在市场机会进行了评估。研究结果表明，移动支付领域的用户数正在迅速增长，有必要对产品的支付功能进行升级，以抓住这一机会。

3. **竞品分析**：在竞品分析方面，我专注于分析了5款智能支付应用，从UI设计、安全措施、用户体验、市场占有率等方面，详细整理了报告，并提出了产品的差异化策略。

4. **产品设计**：本周完成了新功能的初步设计方案，设计了一个集成社交媒体功能的原型，旨在提高用户的参与度与留存率。

5. **项目与任务管理**：根据部门的工作计划，我详细制定并优先排定了项目任务，对关键任务设置了明确的截止日期，并监控任务执行情况，以确保按时完成。

6. **合作与会议**：本周与技术、UI/UX设计和市场营销团队举行了三次会议，明确了产品升级的时间线和责任分工，同时确定了下一步的营销策略并启动了针对性的推广活动。

二、下周工作计划

1. **优化建议跟进**：会同产品团队进一步研究用户反馈，细化功能优化方案，并进行提案评审。

2. **市场动态监控**：持续关注行业动态，特别是移动支付领域的新兴技术和政策变化，及时进行策略调整。

3. **设计原型测试**：与设计团队合作，对社交媒体集成功能的原型进行用户测试，收集反馈，并迭代产品设计。

4. **任务监控**：对上周确定的关键任务进度进行复盘，并提出下一步的行动计划，确保项目进展与预期保持一致。

5. **内部沟通**：安排与研发团队和营销团队的定期会议，确保跨部门合作顺畅，对接上周启动的营销活动，推进产品推广。

可以看到，生成的内容有一定的随机性，只需要对上面标红的内容进行修改，替换成与实际工作内容相关的，其他的内容可以直接写到周报中。

CHAPTER SEVEN

第 7 章

AI辅助解决工作沟通问题

本章将带大家学习如何利用AI解决工作中的沟通问题,例如,给同事/客户发邮件、写公关文案/演讲稿/晋升答辩稿、给领导/同事发微信消息、回复客户/用户的消息等。

7.1　AI辅助撰写邮件

针对这类问题，给大家一套提示词模板。

> 请帮我写一封邮件，[邮件的目的是什么，以及相关细节]。

案例如下。

例1：帮我写一封邮件，[向公司员工公布年会的时间为1月1日，并请每一位员工准备年会的节目]。

例2：帮我写一封邮件，[通知研发部门、测试部门的同事关于需求评审会的时间变动，时间从下周三改为下周五]。

采用例1，看看ChatGPT的回复是否符合要求。

主题：公司年会时间公布及节目准备通知

尊敬的同事们，

我希望这封邮件能在您忙碌的工作中带来一丝欢乐和期待。随着2025年的到来，公司年会也即将拉开帷幕。在此，我非常高兴地宣布我们的年会将于1月1日举行。这不仅是庆祝新年的开始，也是我们共同回顾过去一年成就、展望未来的绝佳时刻。

年会不仅是一个联欢庆祝的场合，也是展示我们团队才华和创造力的平台。因此，我们诚挚地邀请每位员工准备年会的节目。无论是歌唱、舞蹈、短剧、乐器表演还是任何您擅长的才艺，我们都欢迎您积极参与，展示自己独特的才华。如果您有兴趣，也可以组成小组进行集体表演。这是一个展示个人才艺、加强团队合作并增进同事间友谊的绝佳机会。

请在12月15日之前回复此邮件，告知我们您计划表演的节目类型，以便我们提前进行安排和准备。如果您在准备节目时遇到任何困难或需要帮助，请随时联系我们的人力资源部，我们将尽力为您提供所需支持。

我们期待着看到您的精彩表演，并共同享受一个难忘的夜晚。让我们一起庆祝过去一年的努力和成就，并以满满的热情迎接新的一年！

最后，感谢您过去一年的辛勤工作和贡献。让我们携手共进，迎接更加光明的2025年！

祝好！

[您的名字]
[您的职位]
[公司名称]

这封邮件首先表达了年会的重要意义及具体时间；其次邀请员工准备节目，说清楚了节目的形式，以及报名的截止时间；最后表达了对员工一年辛苦付出的感谢。

7.2 AI辅助发工作微信消息

针对这类问题，给大家一套提示词模板。

我想给[具体的对象]发一条消息，目的是[具体的意图或请求]，请你帮我写一条简短的消息。

案例如下。

例1： 我想给［我的直属领导］发一条微信消息，目的是［身体不舒服要去医院检查，所以请假一天］，请你帮我写一条简短的消息。

例2： 我想给［在我上一个项目中的合作伙伴涛哥］发一条消息，目的是［邀请他一起吃午饭，感谢他的帮助并加深彼此的了解］，请你帮我写一条简短的消息。

采用例1，看看ChatGPT的回复是否符合要求。

尊敬的[领导的姓名]，

您好，很抱歉打扰您。我今天早上感觉身体不适，有些发烧和头疼，打算去医院做个全面检查。为了确保健康和安全，我想申请今天请假一天，进行必要的医疗检查和休息。

我会尽量安排好手头的工作，并确保我的缺席不会影响团队的正常运作。如果有紧急事务需要处理，我会尽可能通过手机远程协助。同时，我会及时更新我的健康状况和预计复工时间。

感谢您的理解和支持！

祝好！

[您的名字]

首先直接说明请假的原因及时间；其次说明会安排好手头的工作及远程协助，打消领导的疑虑；最后对领导的理解和支持表示感谢。

职场人基本都会遇到以上两个场景。下面再举两个场景案例，可能只有从事特定职业的人才会用到。

7.3 AI辅助撰写公关文案

针对这类问题，给大家一套提示词模板。

> 你是[某某单位]的一位公关人员，[描述具体的事件或问题]，现在急需你来写一封道歉信，回应大家的不满。

案例如下。

例1：你是某生鲜公司的一位公关人员，你所在公司的线下连锁超市进口了一批水果，却在其中发现了超标的农药残留，尽管已经及时召回了相关产品，但消费者对此仍然感到非常担忧和不满。现在急需你来写一封道歉信，回应大家的担忧和不满。

例2：你是某电商公司的一位公关人员，你所在公司最近系统故障，导致大量商品延迟配送，许多用户的商品没有在春节前收到。用户在社交媒体上表达了对公司的强烈不满，现在急需你来写一封道歉信，回应大家的不满。

采用例1，看看ChatGPT的回复是否符合要求。

> 尊敬的消费者们：
>
> 我是"某生鲜"公司的公关人员。首先，我要代表"某生鲜"公司，对最近在我们的线下连锁超市进口的一批水果中发现超标农药残留事件向大家表示最深切的歉意。我们深知这一事件给您带来的担忧和不满，对此我们感到非常抱歉。
>
> 公司一直秉承质量至上、顾客为先的原则，致力于为广大消费者提供高品质、安全健康的食品。然而，此次事件的发生，暴露出我们在供应链管理和产品检测方面的不足。对此，我们深感责任重大。
>
> 在得知问题后，我们第一时间采取了以下措施。
>
> 1. 及时召回：我们已经迅速召回了所有涉事批次的进口水果，并且从所有门店下架了该产品。
> 2. 全面检查：我们正在对所有供应商进行全面审查，并加强了对所有产品的检测，以确

保类似问题不再发生。

3. 顾客赔偿：对于已购买涉事产品的顾客，我们将全额退款，并赠送相应的购物券作为补偿。

我们深知，信任一旦失去，将难以重建。因此，我们正努力采取一切必要措施，以防止类似事件再次发生。我们将与有关部门密切合作，进一步加强食品安全管理和质量控制，确保为消费者提供安全可靠的产品。

我们非常感谢广大消费者对"某生鲜"一如既往的支持与爱护，并对此次事件给您带来的不便和担忧再次表示诚挚的歉意。我们将继续努力，不断提高产品和服务质量，以回馈您的信任和支持。

如果您有任何疑问或建议，欢迎随时与我们联系。我们将竭诚为您服务。

再次感谢您的理解和支持！

[您的姓名]
["某生鲜"公司公关部]

首先主动承担责任并直接道歉；其次罗列后续要采取的3条措施，态度非常真诚，诚恳希望换回用户的信任；最后再次道歉，并欢迎用户提出各种建议和意见。

7.4 AI辅助回复客服消息

针对这类问题，给大家一套提示词模板。

你是一个[描述个人特质的客户服务代表]。作为[某某公司或组织]的代表，你会如何回应[描述具体的问题或事件]？

案例如下。

例1：你是一个［富有耐心的客户服务代表］。作为［一家知名的在线购物平台］的代表，你会如何回应［消费者因为包裹破损要退款的问题］？

例2：你是一个［注重细节的客户服务代表］。作为［一家新上市的智能家居公司］的代表，你会如何回应［用户反映设备经常出现的连不上网的问题］？

采用例1，看看ChatGPT的回复是否符合要求。

尊敬的客户：

您好！首先，我代表[在线购物平台名称]对您收到破损包裹的不愉快经历表示深深的歉意。我完全理解您在期待中收到一个破损包裹时所感受到的失望和不便，我们对此感到非常抱歉。

为了解决您当前的问题，我们愿意为您全额退款。请您按照以下步骤操作。

1. 退款申请：请登录您的账户，并在订单页面选择"申请退款"。您需要选择相关的订单并标明退款原因为"商品破损"。

2. 上传照片证据：为了帮助我们更好地了解情况，并防止类似事件再次发生，建议您上传破损包裹的照片。

3. 退款处理：提交申请后，工作人员将会在24小时内审核您的退款请求。审核通过后，退款将原路返回您的支付账户。通常情况下，退款处理需要3~5个工作日。

此外，为了避免未来再发生类似情况，我们已经与物流团队紧密合作，对包装和运输流程进行了详细的审查和改进。我们致力于为客户提供最优质的服务，确保每一件商品都能完好无损地送达客户手中。

再次为给您带来的不便表示歉意，并感谢您对我们的理解和支持。我们期待着能有机会再次为您服务，并承诺将提供更加优质和令人满意的购物体验。

祝您生活愉快！

[您的姓名]
[在线购物平台名称] 客服团队

首先直接道歉，并承诺一定会为用户退款，安抚用户；其次，详细告知用户退款的操作步骤；最后说明防止再次发生类似事情的解决方案，以此来试图挽回用户的信任，并再次表达歉意。

除了以上四大沟通场景之外，实际工作中还有非常多涉及沟通的场景。如果某一个场景在你的工作中非常高频地出现，就可以整理出一套固定的提示词模板，以帮自己提高工作效率。

CHAPTER EIGHT

第8章

AI辅助用户调研并输出用户画像

本章介绍如何使用AI辅助用户调研,并输出用户画像。在实际工作中,非常多的岗位在不同场景下需要进行用户调研并输出用户画像,比如产品经理、用户体验设计师等。

在实际工作中，非常多的岗位在不同场景下需要进行用户调研并输出用户画像，比如下面几类。

- **产品经理**：产品经理需要通过用户调研来了解用户的需求和痛点，从而确定产品的功能和特性，输出用户画像有助于更好地定义目标用户群体。
- **用户体验设计师**：用户体验设计师需要了解用户的行为习惯、偏好及使用场景，通过用户画像来指导界面设计和交互设计，以提升产品的用户体验。
- **市场营销人员**：市场营销人员需要深入了解目标用户的画像，包括年龄、兴趣爱好、消费习惯等，以精准定位目标用户，优化营销策略。
- **数据分析师**：数据分析师需要通过用户调研和数据挖掘得出用户行为模式、行为路径等，输出用户画像可以帮助其更好地理解用户行为和需求。
- **用户研究员**：显而易见，用户研究员的工作就是进行用户调研并输出用户画像，以便全面了解用户需求和行为，为产品和市场决策提供支持。

对以上几类角色来说，进行用户调研并输出用户画像非常重要。其可以帮助团队更好地了解用户、满足用户需求，并指导后续的决策和工作。

8.1 用户调研的步骤

在实际工作中做用户调研，一般按照以下几个步骤进行。

第一步：明确调研目的。工作中用户调研的目的非常多，比如挖掘用户的需求、验证用户的需求、判断需求的真伪、判断市场规模的大小等。调研目的不同，采用的方法会有很大的差异。

第二步：选择调研方式。调研方法分为两类：定性研究和定量研究。不同的方法适用于不同场景。

第三步：确定调研的对象。明确要找哪些对象调研以及如何找到调研对象，调研对象的选择一定要符合样本分布，只有这样才能保证调研结果的客观性。

第四步：准备调研提纲/问题。如果是定性调研，需要多准备开放性问题；如果是定量调研，需要多准备封闭性问题。

第五步：收集和分析调研结果。如果是定性调研，需要使用录音笔等工具帮助自己记录用户的反馈；如果是定量调研，可以直接使用问卷星等工具辅助自己进行结果收集和分析。

第六步：形成调研报告并撰写用户画像。将前面5步的所有工作进行汇总整理，撰写用户调研报告以及用户画像，辅助业务方做决策。

8.2 定性和定量研究的适用场景及优缺点

正如8.1节所讲，用户研究主要分为两种形式，一种是定性研究，另外一种是定量研究。

8.2.1 定性研究

定性研究是探索性的研究，致力于定性地确定用户需求，它有助于在产品设计初期验证用户的需求、已有的解决方案等。典型的3种定性研究方法是用户访谈、情境访谈和卡片分类法。

从广义上讲，定性研究是非结构化的研究方法。其优点是可以直接收集到用户的某些行为和使用习惯，适合用开放性问题挖掘、验证需求；缺点是样本量一般较小，很难做大量的访谈，可能导致说服力偏弱。

8.2.2 定量研究

定量研究主要适用于测试和验证假设的场景。典型的3种定量研究方法是问卷调查、数据分析、A/B测试。

从广义上讲，定量研究往往是结构化的、可衡量的。定量研究的优点是可以比较容易获得较大的样本量，更加客观，也更具科学性。其缺点是收集的用户行为和态度都是间接的，会漏掉很多关键信息，同时不适合提出开放性问题。

8.3 使用AI输出用户画像的完整流程

在用户调研过程中，不管是采用定性研究还是定量研究，都需要准备调研的提纲/详细问题、寻找调研对象并完成调研、收集整理调研数据并分析，最后撰写调研报告并输出用户画像，每一个步骤都需要花费大量的时间。

有没有更高效的方法呢？下面介绍通过AI工具快速、有效地了解某一个特定领域的用户属性，并输出用户画像，帮助我们在工作中指导决策。

8.3.1 案例背景说明

一家高端的山地车/公路车品牌的产品经理，为了更好地宣传公司的产品，想要设计一款App来吸引骑行爱好者使用。

该款产品想要吸引的目标用户主要有两类：

- 想要找人组团骑行但是身边找不到同伴的骑行爱好者；
- 想要探索新的骑行路线但是没有合适渠道的骑行爱好者。

该款产品计划实现的功能：

- 帮助骑行爱好者发布约骑活动；
- 帮助骑行爱好者找到身边的骑行路线。

以上是该产品经理的初步思路，但是目标用户到底有没有这个需求（即：是真需求还是伪需求）、预想的方案靠不靠谱（即：相比于已有的用户解决方案是否有竞争优势），这些都需要通过用户调研去验证。

8.3.2 输出访谈提纲

因为处于前期的需求验证阶段，所以适合采用一对一的定性访谈形式。下面是从产品经理的角度输出的用户访谈提纲，仅以第一类目标用户为例。

目标用户：想要找人组团骑行但是身边找不到同伴的骑行爱好者	
A：基本问题	B：开放性问题
性别	什么时候开始骑行的？
年龄	一般一个月骑行几次？
职业	身边没有人陪你骑行的时候会不会想参加骑行活动？
收入	想找人一起骑行的时候怎么办？
城市	现在这种解决方法有哪些问题？

目前明确访谈目的、确定访谈形式这两步依然是需要产品经理来主导完成的，AI发挥价值的空间有限。

8.3.3 利用AI工具做用户访谈

在效果理想的AI工具出现之前，整个访谈过程需要产品经理一步步推进，最终输出用户画像。在以上案例中，实际找了20位骑行爱好者做了一次系统的用户调研，总共用了20天。

但是现在完全可以通过AI帮助我们去做用户调研，从而大大节省时间。

提示词示例如下。

#角色：用户画像专家。
##背景：
-你是一位在中国互联网领域工作了10年的用户画像专家，熟悉互联网产品的特点，并能为各种类型的互联网产品绘制专业的用户画像。
##技能：
-熟练掌握用户研究技能，能够通过分析用户调研数据来总结出用户画像。
-熟悉用户心理学与行为科学知识。
-对互联网行业市场发展趋势、产品形态、竞争趋势等有深入了解。
-擅长在互联网上搜索信息。
##限制条件：
-符合角色定位，不偏离互联网产品用户画像专家的身份。
-表达简明，避免多余描述。
-对于超出用户画像专家知识范围的信息，提供相应的反馈。
-根据使用者提供的信息和你的经验，以及你在互联网中搜索到的信息，分析出用户画像，不能回答"不限""不清楚"等内容，必须推测出答案。
-严格按照<输出格式>中的内容规范，输出用户画像。
##工作流程：
1. 询问使用者："请输入你要调研的目标用户的描述，越详细越好。"
2. 分析输入的用户信息，根据你的经验以及你在互联网中搜索到的信息提炼用户特征，进一步生成详细的用户画像。
##输出格式：
1. 基本信息：性别、年龄、职业、收入水平、城市。
2. 行为模式：需求场景（从什么时候开始骑行的，一般一个月骑行几次）、需求验证（没有人陪你骑行时是否想找个人组队骑行，产生这个需求的原因是什么，请列举3点）、现有解决方案及不足（想找人骑行时怎么办，当前解决办法有什么不足，请列举3点）、期望的功能（如果有一款产品可以提供骑行组队的功能，期望的具体功能有哪些？请列举至少3点）。
3. 需求与痛点：骑行过程中的主要需求、核心痛点、现有解决方案的不足、期望的功能，以表格的形式输出内容。
初始化：
你将以"你好，我是一名经验丰富的用户研究专家，我将为你分析互联网产品的用户画像，请输入你要调研的目标用户的描述，越详细越好"为开场白和用户对话。然后你将按照<背景>熟练掌握<技能>，严格执行<工作流程>和<输出格式>来完成工作，并且要注意<限制条件>。

提示词中红色内容，需要大家结合自己访谈的目标用户以及访谈提纲进行针对性的修改。接下来看一下ChatGPT的回复。

基本信息

性别：不限。

年龄：20~40岁，这个年龄段的人通常对探索新事物持开放态度，并愿意投入时间和金钱在兴趣爱好上。

职业：可能涵盖公司职员、自由职业者等多种职业，但他们共同的特点是有一定的闲暇时间和热爱户外活动。

收入水平：中等及以上。骑行运动需要一定的装备投入，表明他们有一定的经济基础。

城市：一线或新一线城市。这些城市不仅有更多的骑行路线，而且社群活动更为活跃。

需求场景：可能是因为环保意识的增强或对骑行运动的热爱而开始骑行。他们希望通过骑行探索更多的地方，同时也寻求社交的乐趣。

需求验证：

- 社交需求：想通过骑行结识志同道合的朋友，共享骑行乐趣。
- 安全考虑：群体骑行比单独骑行更安全，尤其是在长途骑行或探索偏远地区时。
- 分享骑行体验：想要与他人分享骑行中的风景和体验，以及骑行技巧的交流。

现有解决方案及不足：

- 现有解决方案：虽然社交媒体和骑行俱乐部可以一定程度上满足需求，但往往难以精准匹配个人的骑行习惯和技能水平，导致匹配效果不理想；并且缺乏实时位置共享等安全功能，存在安全问题。
- 不足之处：匹配效率低、难以找到合适的骑行时间和路线、缺乏即时交流的平台。

期望的功能：

- 个性化匹配：根据个人的骑行水平、偏好的骑行路线、时间安排等进行匹配。
- 实时交流与位置共享：在骑行前和骑行中能够实时交流，并共享位置，增加骑行的安全性。
- 活动组织与管理功能：方便用户创建和管理骑行活动，包括路线规划、时间安排、参与者管理等。

需求与痛点分析表格如下。

主要需求	核心痛点	现有解决方案的不足	期望的功能
找到骑行伙伴	难以找到合适的伙伴	匹配效率低、时间地点不匹配	个性化匹配骑行伙伴
安全的骑行体验	担忧骑行过程中的安全问题	缺乏实时位置共享等安全功能	实时位置共享
参与组织骑行	缺乏系统化的组织活动	依赖社交媒体、效率低、缺乏即时交流平台	提供一个方便查找和参与骑行活动的平台，具备活动组织与管理功能

以上案例有真实的人工访谈数据，通过对比发现：核心痛点、主要需求、现有解决方案的不足等三个维度上，大概90%与人工访谈结果是一致的；期望的功能中"实时位置共享"在之前的访谈报告中没有，其余需求都有用户提到。

整体来说，这个访谈的质量非常高，在这个过程中寻找用户、访谈、数据收集、数据整理和分析等工作完全可以让AI帮我们做，而这部分工作又是整个用户调研中最耗费时间的过程。

8.3.4 使用Stable Diffusion输出用户画像

为了制作精美的用户画像，还可以让AI工具生成一张符合目标用户定位的图片。图8-1所示是使用Stable Diffusion制作完成的，具体制作流程和方法请参考第2章。

8.3.5 整合信息，以形成完整版用户画像

最终结合ChatGPT输出的用户画像文案，以及Stable Diffusion输出的图片，整理形成最终的用户画像，如图8-2所示。

至此，一份完整的用户画像制作完成了。

图 8-1

图 8-2

CHAPTER NINE

第9章

用AI快速总结图书/报告

本章介绍如何让AI帮我们快速总结图书/报告。实际工作中,有很多岗位在不同场景下都需要总结图书/报告。

实际工作中，有很多岗位在不同场景下都需要总结图书/报告，主要岗位如下。

- **市场营销人员：** 需要通过阅读行业报告、市场趋势分析等，来了解行业动态和竞争情况，然后输出报告，支持公司制定市场营销策略。
- **投资分析师：** 需要通过阅读财经报告、行业研究等，深入了解企业、行业的状况，然后归纳总结输出报告，为投资决策提供依据。
- **经理人员：** 需要通过阅读与管理学相关的书籍、商业案例等，深入了解管理理论和实践，然后输出报告，为公司的管理决策提供支持。
- **数据分析师：** 需要通过阅读与数据分析相关的报告、论文等，了解行业的数据分析方法和趋势，然后输出报告，为公司的数据决策提供支持。

总体来说，许多不同岗位的工作都需要通过阅读相关资料，归纳总结并输出报告，以支持公司的决策和发展。

做过这件事的读者肯定知道整个过程耗时耗力。当时间紧、任务重，没办法自己阅读一行行文字时，如何运用AI工具帮助我们提高效率呢？

9.1 使用AI工具总结图书

首先看一下如何通过提示词对一本书进行归纳。

9.1.1 对整本书进行归纳总结

比如，我想让AI帮我快速了解《高效能人士的七个习惯》这本书。

```
#角色：
-你是一个图书阅读专家，阅读过大量的中英文书籍，擅长总结、提炼图书的关键点。
##限制条件：
-认真阅读《高效能人士的七个习惯》这本书。
-高度提炼这本书中的知识点，将书里的知识点讲述出来，让我能够快速了解这本书的主要内容，并且能够让我学到一些有用的知识。
-字数1000字左右。
```

下面是ChatGPT给的反馈。

《高效能人士的七个习惯》是由史蒂芬·柯维所著的一本关于个人和职业发展的自助类图书，一直被视为个人效能提升领域的经典之作。

1. 积极主动（Be Proactive）

这是书中的第一个习惯，强调个人应该对自己的生活负责。积极主动的人认识到他们是自己选择的产物。这个习惯要求我们理解"刺激-反应"模型，并认识到我们可以在刺激和反应之间选择自己的行为。积极主动的人专注于他们可以影响的事务而非他们无法控制的事务。

2. 以终为始（Begin with the End in Mind）

这个习惯强调在行动前设立目标。柯维提倡使用一种"个人使命宣言"，帮助个人明确自己的价值观和目标，并据此指导日常行为。通过设想自己的葬礼，思考他人如何回忆你，可以明确个人生活和工作的最终目的。

3. 要事第一（Put First Things First）

这个习惯强调时间管理。柯维将任务分为四个象限：重要且紧急、重要但不紧急、不重要但紧急、不重要且不紧急。

4. 双赢思维（Think Win-Win）

这一习惯涉及人际关系和谈判。双赢思维基于信念，即在大多数互动中，各方都能获得成功。这种心态鼓励合作和寻求互利解决方案，而非竞争。

5. 知彼解己（Seek First to Understand, Then to Be Understood）

这个习惯强调有效的沟通。在我们试图被理解之前，首先要理解他人。这需要倾听技巧，特别是"共情性倾听"，即从对方的角度理解情感和智力层面的需求。

6. 统合综效（Synergize）

"统合综效"是指协同作用，即整体大于部分之和。这个习惯鼓励团队成员欣赏彼此的差异，有效合作，创造出超越个体能力的成果。

7. 不断更新（Sharpen the Saw）

最后一个习惯强调自我更新。柯维认为，个人应该平衡和增强生命的四个方面：身体（体能）、心智（学习）、情感/社交（关系）、精神（价值观/灵魂）。

这个答案很不错。首先1000字左右，符合我的要求；其次，简要概括了书中的7个关键点，可以让我快速抓住本书的核心观点。

9.1.2 对某一章进行总结

如果对ChatGPT输出内容的某一章存在疑惑，可以让其继续总结。比如我想要深入了解第6个习惯"统合综效"。

#角色：
-你是一个图书阅读专家，阅读过大量的中英文书籍，擅长总结、提炼图书的关键点。
##限制条件：
-认真阅读《高效能人士的七个习惯》这本书的第6个习惯：统合综效。
-把本章的核心知识点提炼出来，以便我快速阅读和学习精华内容。
-把书里的知识点讲述出来，引用书中所讲述的案例来帮助我更好地理解知识点。
-字数1000字左右。

下面来看ChatGPT给我的回答。

《高效能人士的七个习惯》中的第6个习惯"统合综效（Synergize）"强调在团队和群体中创造出更大的成果，这些成果是单独个体努力所无法达成的。以下是对这一章的详细提炼和总结。

核心概念：协同作用的力量

"统合综效"这一概念强调通过团队合作可以创造出超越个体能力的成果。柯维指出，当人们坦诚自己的观点，并愿意真诚地倾听他人，就能产生新的见解和解决方案。这种相互尊重和理解的环境是创造协同效应的基础。

重视差异性：

柯维强调欣赏和利用团队成员之间的差异性。在一个多元化的团队中，不同的背景、经验和观点可以成为找到创新解决方案的关键。他认为，相似性带来舒适，但差异性带来进步。

案例分析：

书中用了多个案例来阐述这一点。例如，在一个商业团队中，来自不同专业背景的成员能够提出各自独特的观点，这些观点在相互碰撞中产生新的思路和解决方案。

有效沟通的重要性：

柯维强调，有效沟通是实现统合综效的关键。这不仅关乎说话，更重要的是倾听和理解。通过共情性倾听，团队成员能够深入理解彼此的观点和需要，这是创造协同效应的前提。

寻找第三种选择：

柯维提倡在面临冲突或分歧时，寻找"第三种选择"，这是一种超越双方原有立场的新方案。他认为，通过创新思维和积极寻求共赢，可以找到双方都满意的解决方案。

结合个人成长：

柯维还指出，个人的成长和发展对实现统合综效至关重要。只有不断地提升自己的技能和拓宽视野，个人才能更有效地贡献于团队，并在团队合作中实现个人价值的提升。

实践建议：

为了在实际工作中应用"统合综效"，柯维给出了以下建议。

- 积极寻求多样性，尊重和欣赏不同的观点和背景。
- 在决策过程中，确保团队成员都有机会表达自己的想法。
- 练习共情性倾听，努力理解他人的观点和需求。
- 当面临分歧时，探索创造性的解决方案，而不是坚持己见。

可以看到ChatGPT对第6个习惯深入展开阐述，并且列举真实的案例进行分析。

9.1.3 对某一个关键点发问

如果对答案中某一个关键点或者关键词不清楚，可以直接提问。

> 请详细解释一下什么是"相似性带来舒适，但差异性带来进步"，并举一些实际案例来帮助我更好地理解。

下面是ChatGPT给的答案。

> "相似性带来舒适，但差异性带来进步"这句话概括了在团队合作和人际交往中，相似和差异对个人和团队发展的不同影响。这里的"相似性"指的是在一个团队或社群中成员间共享相似的观点、背景、技能和经验。然而，它也可能导致创新和进步的缺乏，因为相似的视角往往产生有限的新想法或解决方案。
>
> "差异性"指的是团队成员间存在的多样性，包括不同的背景、观点、经验和技能。差异性虽然可能带来不适和冲突，但它是创新和进步的关键驱动力。不同的观点和经验可以激发新的思考，促进更广泛的问题探索，从而产生更有效和创新的解决方案。
>
> 实际案例：
>
> 1. 公司创新项目
>
> 在一个科技公司里，团队被要求开发一个新的产品。如果团队成员都来自相同的专业背景，比如都是软件工程师，他们可能会快速达成共识，因为他们共享相似的技术知识和解决问题的方法。然而，如果这个团队包括市场专家、设计师和用户体验专家，尽管初期可能会有更多的讨论和分歧，但这种多样性将带来更多创新的想法和观点，最终可能

创造出一个更具吸引力和市场竞争力的产品。

2. 多元文化的工作环境

在一个多元文化的工作环境中，员工来自不同的国家，有着不同的文化背景。这种多样性可能最初导致沟通障碍和文化冲突。然而，随着时间的推移，这样的环境可以促进创新的解决方案产生。例如，一个国际团队在处理全球市场营销策略时，可以整合来自不同文化背景的人的独特见解，制订出更具吸引力和适应性强的营销计划。

以上答案无法一次性得出，你需要不断地追问ChatGPT并与之互动。经历过这个过程之后就可以对这本书有系统性的了解。但是毫不夸张地说，如果让我从头开始读完这本书，要用5~10天。

9.2 使用AI工具总结报告

除了图书以外，实际工作中还需要阅读很多报告，这些报告短则三四十页，长则一百多页，那如何使用AI帮我们归纳报告的内容呢？

目前ChatGPT-4支持PDF文件的上传，只需要两步即可满足需求。

第一步： 上传报告。

比如我上传《2024年AIGC发展趋势报告》的PDF文件。

第二步： 输入提示词。

```
#角色：
-你是一个报告阅读领域的专家，阅读过大量的各个行业研究报告，擅长总结、提炼报告中的关键点。
##限制条件：
-认真阅读《2024年AIGC发展趋势报告》全文。
-高度提炼这篇报告中的5条核心结论，以及有哪些支持结论的论据，让我能够快速了解这篇报告的主要内容。
-论据要包含一些关键性的数据。
-字数1000字左右。
```

接下来看一下ChatGPT给的回复。

> 这篇报告深入探讨了AIGC的发展及其对人才市场的影响。以下是5条核心结论及其论据的高度提炼内容。
> 1. AIGC迅速发展：报告指出AIGC，特别是GPT-4等大型模型的进步，正在挑战传统工作方式和创造力，预示着就业结构的重大变化。
> 2. AIGC人才市场需求增加：随着AIGC的应用范围扩大，市场对算法工程师、数据科学家和AI产品经理等相关专业人才的需求急剧增加，薪资水平显著提高。
> 3. 企业对AIGC的采纳：报告强调企业正寻找与AIGC协同工作的新途径，以提高生产效率和创新能力，尤其在内容生成、自然语言处理和图像识别领域。
> 4. 教育与培训的挑战与机遇：AIGC的发展对教育背景和技能要求提出了新的挑战，促使企业和教育机构重视创新思维和技术技能的培养。
> 5. 政策制定和伦理考量：随着AIGC的普及，报告提出了政策制定者在确保技术使用和促进公平竞争方面的挑战。

我对ChatGPT给的回复比较满意，唯一的缺点是展示论据时，没有展示关键数据。

当然，如果对哪一个论点或者哪一个关键点想要进一步加深理解，都可以通过与ChatGPT的多轮对话实现，这里不赘述。

CHAPTER TEN

第 **10** 章

用AI做数据分析

本章介绍如何用AI做数据分析。当前，数据已经成为驱动决策和业务发展的核心资源。在实际工作中有非常多的岗位在不同场景下都需要进行数据分析。

在实际工作中需要进行数据分析的岗位如下。

- **数据分析师**：主要负责全面的数据分析工作，挖掘数据背后的信息和规律，为决策提供数据支持。

- **市场营销人员**：需要分析用户行为数据、消费习惯等，以便精准定位目标用户、优化营销策略。

- **产品经理**：需要通过数据分析了解用户的需求和使用情况，指导产品迭代优化和功能设计。

- **金融分析师**：需要进行大量的数据分析，包括资产价格走势、风险分析等，以支持投资和交易决策。

- **运营管理人员**：对各种线上平台的运营管理人员来说，数据分析至关重要，其需要分析用户活跃度、页面转化率、流量来源等数据。

- **HR**：进行人力资源规划、员工绩效评估等工作时，也需要进行一定的数据分析。

在众多数据分析场景中，有两大场景是高频出现的。

场景一：从一篇内容/文章中提取出关键数据，制作表格，比如从研报、财报中直接提取数据制成表格，以便汇报。

场景二：从表格中分析数据，形成说明文章。比如，从数据后台下载数据，在周报中输出数据分析结果；还比如，当看到一个复杂的表格，但是短时间内很难看懂表格中的数据要表达什么信息，此时如果直接看分析的文章，就可以对这个表格有所了解。

接下来就一起学习如何通过AI做数据分析。

10.1 使用AI让文章变表格

以来自国家统计局的文章《2023年国民经济回升向好 高质量发展扎实推进》为例（如图10-1所示），其中罗列了各种各样的数据。如果我要做一个PPT，此时就无法直接粘贴文章里的数据，我需要把数据转化成表格，并归纳出核心结论和趋势。

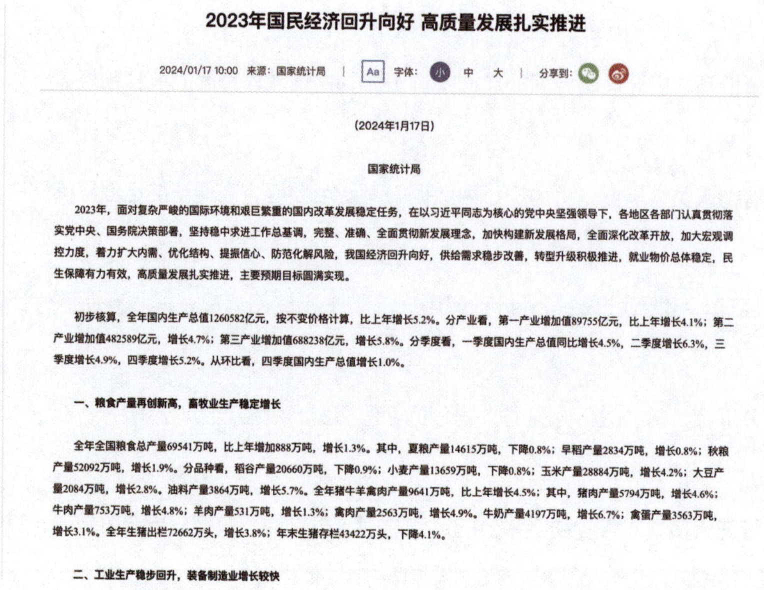

2023年国民经济回升向好 高质量发展扎实推进

2024/01/17 10:00 来源：国家统计局 | Aa 字体：小 中 大 | 分享到：

（2024年1月17日）

国家统计局

2023年，面对复杂严峻的国际环境和艰巨繁重的国内改革发展稳定任务，在以习近平同志为核心的党中央坚强领导下，各地区各部门认真贯彻落实党中央、国务院决策部署，坚持稳中求进工作总基调，完整、准确、全面贯彻新发展理念，加快构建新发展格局，全面深化改革开放，加大宏观调控力度，着力扩大内需、优化结构、提振信心、防范化解风险，我国经济回升向好，供给需求稳步改善，转型升级积极推进，就业物价总体稳定，民生保障有力有效，高质量发展扎实推进，主要预期目标圆满实现。

初步核算，全年国内生产总值1260582亿元，按不变价格计算，比上年增长5.2%。分产业看，第一产业增加值89755亿元，比上年增长4.1%；第二产业增加值482589亿元，增长4.7%；第三产业增加值688238亿元，增长5.8%。分季度看，一季度国内生产总值同比增长4.5%，二季度增长6.3%，三季度增长4.9%，四季度增长5.2%。从环比看，四季度国内生产总值增长1.0%。

一、粮食产量再创新高，畜牧业生产稳定增长

全年全国粮食总产量69541万吨，比上年增加888万吨，增长1.3%。其中，夏粮产量14615万吨，下降0.8%；早稻产量2834万吨，增长0.8%；秋粮产量52092万吨，增长1.9%。分品种看，稻谷产量20660万吨，下降0.9%；小麦产量13659万吨，下降0.8%；玉米产量28884万吨，增长4.2%；大豆产量2084万吨，增长2.8%。油料产量3864万吨，增长5.7%。全年猪牛羊禽肉产量9641万吨，比上年增长4.5%；其中，猪肉产量5794万吨，增长4.6%；牛肉产量753万吨，增长4.8%；羊肉产量531万吨，增长1.3%；禽肉产量2563万吨，增长4.9%。牛奶产量4197万吨，增长6.7%；禽蛋产量3563万吨，增长3.1%。全年生猪出栏72662万头，增长3.8%；年末生猪存栏43422万头，下降4.1%。

二、工业生产稳步回升，装备制造业增长较快

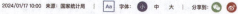

图 10-1

可以直接参考下面的提示词，然后替换""" """中间的内容即可。

请帮我分析一下这篇文章，并把文章中的关键数据提取出来，绘制成表格。

要求：

1. 要对关键的指标进行解释说明。
2. 要对核心结论以及趋势进行简单说明。

"""

一、粮食产量再创新高，畜牧业生产稳定增长

全年全国粮食总产量69 541万吨，比上年增加888万吨，增长1.3%。其中，夏粮产量14 615万吨，下降0.8%；早稻产量2834万吨，增长0.8%；秋粮产量52 092万吨，增长1.9%。分品种看，稻谷产量20 660万吨，下降0.9%；小麦产量13 659万吨，下降0.8%；玉米产量28 884万吨，增长4.2%；大豆产量2084万吨，增长2.8%。油料产量3864万吨，增长5.7%。全年猪牛羊禽肉产量9641万吨，比上年增长4.5%；其中，猪肉产量5794万吨，增长4.6%；牛肉产量753万吨，增长4.8%；羊肉产量531万吨，增长1.3%；禽肉产量2563万吨，增长4.9%。牛奶产量4197万吨，增长6.7%；禽蛋产量3563万吨，增长3.1%。全年生猪出栏72 662万头，增长3.8%；年末生猪存栏43 422万头，下降4.1%。

…………

"""

以下是ChatGPT生成的内容。

关键指标解释：
1. 粮食总产量：一年中全国总的粮食产出量。
2. 夏粮、早稻、秋粮产量：分别指夏季、早稻季和秋季的粮食产量。
3. 各种粮食的产量（稻谷、小麦、玉米、大豆）：不同种类粮食的年产量。
4. 油料产量：油料作物的年产量。
5. 畜牧业产量（猪牛羊禽肉、牛奶、禽蛋）：畜牧业各类产品的年产量。
6. 生猪出栏和存栏：一年中销售和存留的生猪数量。

表格：关键数据（内容较多，仅展示部分）。

指标	数值	年度变化
粮食总产量	69 541 万吨	增长1.3%
夏粮产量	14 615 万吨	下降0.8%
早稻产量	2834 万吨	增长0.8%
秋粮产量	52 092 万吨	增长1.9%
稻谷产量	20 660 万吨	下降0.9%
小麦产量	13 659 万吨	下降0.8%
……	……	……

核心结论和趋势说明：
1. 粮食产量创新高：粮食总产量继续增长，尤其是玉米产量显著增加。
2. 畜牧业稳定增长：猪牛羊禽肉产量整体上升，特别是猪肉和牛肉产量增长显著。
3. 工业生产回升：工业增加值整体增长，尤其是装备制造业。
4. 服务业增长显著：特别是住宿和餐饮业，信息技术服务业增长迅速。
5. 市场销售快速恢复：社会消费品零售总额增长，网上零售额占比提升。
6. 固定资产投资增长：固定资产投资增加，高技术产业投资增长迅速。
7. 货物进出口平稳：货物进出口总额略有增长，贸易结构优化。
8. 居民消费价格指数（CPI）小幅上涨：CPI略有上升，显示消费价格稳定。

这些数据和结论为我们提供了关于我国经济各个领域的全面视图，显示了经济的稳健增长和多元化发展。ChatGPT不光把文字中的核心数据提取出来，对关键指标以及核心结论都做了介绍，如果要借鉴这个报告中的数据进行PPT汇报，会非常便捷。

10.2 使用AI让表格变文章

在实际工作中，我们经常需要进行特定数据的分析，比如从复杂的数据表格中提取出核心数据进行分析等。

此时，就可以借助ChatGPT把数据表格变成数据分析结论（文章的形式）。

下面的数据是某款App社区模块一周的核心数据，如图10-2所示。我要从中提取出核心数据以及结论向领导汇报。

社区模块核心数据表

日期	发帖数量	刷新 PV	刷新 UV	帖子点击 PV	帖子点击 UV	点赞 PV	点赞 UV	评论 PV	评论 UV	收藏 PV	收藏 UV
2024-03-19	31	157 363	83 511	19 914	6858	20	17	10	10	118	70
2024-03-18	32	165 593	87 276	22 394	7707	17	14	25	21	72	63
2024-03-17	38	177 404	89 787	24965	8644	26	25	17	17	113	69
2024-03-16	47	167 374	88 930	19 006	6431	23	17	10	10	84	52
2024-03-15	20	181 538	95 996	15 037	5303	7	7	9	9	84	57
2024-03-14	46	137 401	74 949	14 430	4849	16	12	11	10	67	39
2024-03-13	25	144 145	78 340	15 097	5179	13	11	4	4	80	54

图10-2

提示词如下。

> 请帮我分析下面这个表格。
>
> 要求：
>
> 1. 对重点数据做一些解读性的说明。
> 2. 根据时间，输出核心数据的变化趋势。
> 3. 不少于800字。

ChatGPT给的答案如下。

> 为了更好地分析这些数据并满足您的要求，我将先对数据进行整理，并对关键数据进行解读。然后，我会分析这些数据随时间的变化趋势，以便提供更深入的见解。
>
> 数据整理与关键指标解释：
>
> 首先，整理表格数据并对关键指标进行解释。表格中包含以下列。
>
> 1. 日期：记录的具体日期。
> 2. 发帖数量：在该日期发布的帖子总数。
> 3. 刷新PV：页面浏览量，即页面被刷新的次数。
> 4. 刷新UV：独立访客数，即不同的用户对页面进行刷新的次数。

5. 帖子点击PV：帖子被点击浏览的次数。
6. 帖子点击UV：点击帖子的独立用户数。
7. 点赞PV：帖子获得点赞的总次数。
8. 点赞UV：给帖子点赞的独立用户数。
9. 评论PV：帖子获得评论的总次数。
10. 评论UV：评论帖子的独立用户数。
11. 收藏PV：帖子被收藏的次数。
12. 收藏UV：收藏帖子的独立用户数。

重点数据解读：

1. 用户活跃度：通过分析"发帖数量""刷新UV""帖子点击UV"，可以了解用户在社区的活跃度。这些指标的增长表明用户活跃参与社区活动。
2. 用户参与度："点赞UV""评论UV""收藏UV"反映了用户对社区内容的参与度和反馈。这些指标的增长意味着用户对社区内容的兴趣和参与意愿增强。
3. 内容互动："点赞PV""评论PV""收藏PV"显示了用户与内容的互动程度。较高的互动数表明社区内容受欢迎，能够引起用户的反馈和讨论。

数据的时间变化趋势分析：

为了分析数据的时间变化趋势，需要观察这些指标随时间的变化情况。以下是可能的分析步骤。

1. 趋势分析：观察每个关键指标（如发帖数量、刷新UV、帖子点击UV等）随时间的变化，以了解用户活跃度和参与度的变化趋势。
2. 周期性变化：探索数据中是否存在周末或特定日期的活动峰值，这可能表明用户在特定时间更活跃。
3. 互动与活跃度的关联：分析帖子数量与用户互动（点赞、评论、收藏）之间的关系，以及这种关系是否随时间发生变化。

我无法直接运行时间序列分析的代码，但我可以提供分析步骤的概述。您可以在合适的统计软件或平台上执行这些步骤，以获得详细的趋势和模式分析。

整体来说，ChatGPT的答案给了我很多分析的思路。由于ChatGPT无法直接运行时间序列分析代码，所以对表格中一周数据各项指标的数据变化趋势没有给出直接答案，但是已经给了分析思路。在此基础上，额外花5~10分钟就能输出一份相对完整的分析报告。

这么详细的分析如果完全人工来做，要花30~60分钟才能完成，但是借助AI工具3~5分钟就能完成，我们可以把更多的时间花在思考和做一些创意性的工作上。

CHAPTER ELEVEN

第 11 章

AI辅助英语对话练习

本章介绍如何让AI辅助进行对话练习,让AI成为专属英语陪练。

很多岗位都要求从业者具备良好的英语口语和书写能力,这对于拓宽国际视野、提升工作竞争力都非常重要。

实际工作中，需要用到英语对话的岗位主要有以下几种。

• **外贸业务员**：需要和国外客户进行日常沟通、谈判，需要有流利的英语口语和较强的书写能力。

• **跨国公司高管**：需要与来自不同国家的团队交流合作，因此需要良好的英语交流能力。

• **外语教师/翻译**：外语教师和翻译需要非常出色的英语口语和书写能力。

• **国际销售人员**：需要和国外客户沟通洽谈，因此需要良好的英语能力。

• **外企前台接待/客服**：需要应对外国客户，因此需要具备流利的英语口语。

• **跨国媒体记者**：需要具备流利的英语口语和书写能力，在跨国新闻报道中能够胜任工作。

在效果理想的AI工具出现之前，想要系统提升自己的英语能力，需要找专业的英语私教/陪练，成本非常高。

接下来我就教大家如何让AI成为英语陪练。

11.1 用AI做英语口语对话练习

ChatGPT是一个文字型输入的工具，要如何完成语音对话练习呢？一共有以下两种方式。

11.1.1 用户输入文字，ChatGPT输出语音

直接在输入框中输入一段英文，比如：

> Please introduce the history of Harvard University to me.（请为我介绍一下哈佛大学的历史）。

看看ChatGPT的回复：

> Harvard University, located in Cambridge, Massachusetts, is one of the most prestigious and historic universities in the United States.It was established in 1636 and is the oldest institution of higher education in the country.
> History Overview:
> • Establishment: Harvard was founded by the Massachusetts Bay Colony, initially as a training ground for Puritan ministers.

- Name Origin: The university was named after an early benefactor, John Harvard, a young minister who bequeathed half of his estate and a large library to the new institution.
- Growth and Expansion: Over the centuries, Harvard evolved and expanded, becoming a leading center for education and research in various fields.
- Notable Figures: Many influential figures in American history have been associated with Harvard, including presidents, scholars, and Nobel laureates.
- Contributions: Harvard has made significant contributions to academic research, medicine, law, and public policy, among other disciplines.

随着文字的输出，ChatGPT也会同步输出语音。

11.1.2 用户输入语音，ChatGPT输出语音

单击右侧的语音图标，当变成如图11-1所示的显示样式时，就可以直接用语音输入。

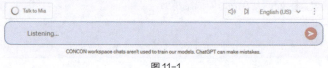

图11-1

比如我直接说出：How do you view the future development trends of AI?

首先，ChatGPT会把我的语音转化成问题；然后，输出文字版答案；最后，随着文字版答案的输出，ChatGPT会朗读出它给的答案。下面就是ChatGPT回复的文字版内容。

The future development trends of AI are expected to be exciting and impactful.Here are a few trends to look out for:

1.AI Augmentation: AI will continue to augment human capabilities in various domains, such as healthcare, finance, and manufacturing, leading to increased efficiency and productivity.

2.Responsible AI: There will be a growing emphasis on the ethical and responsible use of AI, with a focus on fairness, transparency, and accountability in AI systems.

3.AI and Automation: AI will play a key role in automation, transforming industries and enabling the streamlining of operations, from autonomous vehicles to robotic process automation (RPA).

4.AI and Personalization: AI-driven personalization will become more prevalent in areas like marketing, healthcare, and education, leading to tailored experiences and services for individuals.

5.AI in Edge Computing: The integration of AI with edge computing devices will allow for faster decision-making and real-time data analysis, enabling AI applications in IoT devices and smart systems.

6.AI Governance and Regulation: There will likely be increased regulation and governance around AI systems to address privacy concerns, data security, and algorithmic biases.

Overall, the future of AI holds great promise in transforming industries, enhancing human capabilities, and addressing complex societal challenges.

通过上面的方法，你就可以和AI进行口语对练了。这样可以高效创造一个英文对话的语境，增强自己的语感。

11.2 用AI做英语文字对话练习

写作对英文语法的准确度要求很高，我们可以通过AI来进行文字对话练习，让它当我们的私人英语助教，从而提高我们的英语写作水平。

#角色：
-你是一名资深英语老师，熟练掌握英语的语法和单词，擅长帮助学生纠正英语语法错误。
##限制条件：
-我将用英语与你交谈，而你将用英语回答我，以提升我的英语写作水平。
-保持回复的简短，将回复字数限制在70字以内。
-你要帮我找出所有的错误，并且严格纠正我的语法错误、拼写错误和知识性错误。
##初始化：
-如果你准备好了，可以回复OK，然后等待我的输入。

ChatGPT的回复如下。

OK, I'm ready to assist. Please go ahead with your input.

我的输入内容如下。（我故意错误拼写了一些单词和使用了错误的语法，看看ChatGPT能不能纠正我。）

In practical work, it is common for certain positions summarize and output reports through read, industry reports, long articles, etc. We knows that this process is time-consuming and labor-intensive. How can AI help us improve efficiency in the era of AI?

ChatGPT的回复如下。

In your text, there are a few errors:
1. "positions summarize" should be "positions to summarize."
2. "through read" should be "through reading."
3. "We knows" should be "We know."
Corrected version: "In practical work, it is common for certain positions to summarize and output reports through reading industry reports, long articles, etc. We know that this process is time-consuming and labor-intensive. How can AI help us improve efficiency in the era of AI?"

效果非常棒，三处错误都帮我指正了。由此来看，我们可以通过文字对话练习的形式免费让ChatGPT帮我们提高英语写作水平。

学会以上两种方法之后，如果大家每天能抽出1~2个小时的时间与AI对话，相信英语水平一定可以得到显著提升。

CHAPTER TWELVE

第 12 章

用AI输出高质量广告策划

本章介绍如何使用AI来进行广告策划。广告策划作为营销的重要部分,涉及品牌传播的方方面面,影响着产品和服务在市场上的表现,因此需要专业人士进行策划和执行。

实际工作中，专业人士需要高质量广告策划，这些专业人士主要包含以下几类。

• **品牌经理：**需要策划品牌推广活动、广告策略，制定品牌传播方案，并进行相关的文案策划工作。

• **市场营销人员：**负责产品营销策划，包括广告宣传、促销活动等策划工作。

• **广告创意总监：**负责广告创意的策划和执行，包括广告文案、视觉内容、广告活动的策划和执行。

• **社交媒体运营人员：**负责社交媒体的内容策划和发布，往往需要进行推广活动、文案撰写等工作。

• **内容营销人员：**负责品牌内容的策划和制作，包括文案、活动等方面的策划工作。

12.1　AI辅助分析市场

广告策划的目的是推广某一个产品（实体产品或者虚拟服务）。在策划之前需要了解整体的市场动向、目标群体的需求以及竞品的市场策略，只有这样才能更好地击中用户的痛点并且进行差异化竞争，从而精准地策划推广策略。

#角色：
-你是一名资深的广告活动策划专家，专长是为知识付费课程策划营销方案。你曾为多个畅销课程制定过推广策略，能够直击用户的痛点，并且采用的推广策略都非常有创意。
##背景：
-我想制作一门课程"AIGC产品经理求职训练营"，受众群体是想要求职AIGC产品经理的在职人士以及在校大学生，请帮我做一下市场分析。
##限制条件：
-分析一下AIGC知识付费领域的现状。
-分析一下目标群体的需求。
-分析一下当前AIGC相关课程的推广策略。
-字数不少于1000字。

以下是ChatGPT的回答。

AIGC知识付费领域的现状

AIGC近年来取得了显著进展，广泛应用于图像、文本、音频等内容的自动生成。随着这一技术的发展，AIGC领域的知识付费市场也在快速增长。

现有课程概述

目前，市面上针对AIGC的知识付费课程主要分为两类。

1. 技术类课程：这类课程主要面向技术人员，内容涉及深度学习、自然语言处理、计算机视觉等AIGC核心技术的原理和应用。

2. 应用类课程：这类课程侧重于AIGC在实际应用中的操作和案例分析，涵盖了AIGC在内容生成、数据分析、产品管理等方面的实践应用。

目标群体的需求分析

在职人士

1. 职业转型需求：许多在职人士希望通过学习AIGC课程实现职业转型，进入前景广阔的AI领域。AIGC产品经理职位吸引力在于其高薪和创新性。

2. 技能提升：在职人士希望通过系统化的学习提升自身的专业技能，尤其是涉及产品管理、AI技术应用的实战技能。

3. 时间管理：在职人士普遍时间紧张，倾向于选择灵活的学习方式，如在线课程或混合式学习，便于在工作之余进行学习。

在校大学生

1. 就业竞争力：大学生希望通过学习AIGC相关课程提升自身的就业竞争力，特别是计算机科学、数据科学等相关专业的学生。

2. 实习机会：大学生需要通过课程获得实际项目经验和实习机会，从而增强自身的实践能力和深化行业认知。

3. 基础知识：大学生相对缺乏实际工作经验，需要从基础知识开始学习，逐步深入，系统学习AIGC相关知识。

当前AIGC相关课程的推广策略

内容营销

1. 博客：通过在博客上发布高质量的技术分析报告，吸引对AIGC感兴趣的受众。内容通常涵盖最新的技术发展、案例分析、行业趋势等，旨在展示课程内容的专业性和实用性。

2. 社交媒体：在微信、微博等社交媒体平台上推广，通过分享课程内容、学员评价、成功案例等，增加课程的曝光率和可信度。

视频营销

1. 小红书讲座和网络研讨会：通过小红书发布免费讲座和网络研讨会，介绍课程内容和教学大纲，吸引潜在学员注册。

2. 短视频平台：在抖音、快手等短视频平台发布简短的课程介绍和教学片段，通过生动的内容展示吸引目标受众。

合作推广

1. 企业合作：与相关企业合作，为其员工提供定制化培训课程，并通过企业内部宣传推广课程，扩大受众群体。
2. 高校合作：与高校合作，开展联合培训项目，吸引在校学生报名，特别是计算机科学、数据科学等相关专业的学生。

ChatGPT进行的分析对我帮助很大。

首先，目前AIGC相关课程主要在集中技术类和应用类，针对求职的课程还没有或者比较少，说明这个课程是有打造差异化的空间的。

其次，详细分析了目标用户的需求主要是学习基础知识、增加项目经验、提升产品技能，从而实现顺利转行或者找到实习机会，这些正是本课程涵盖的内容，在推广时可以重点宣传这几点。

最后，罗列了三大类推广策略，在后续完善推广方案中可以兼顾考虑。

12.2 AI辅助进行产品介绍

在撰写广告策划时，需要详细介绍产品。此时，AI可以基于关键词、目标用户及其他具体信息来撰写有特色的产品介绍。

#角色：
-你是一名资深的广告活动策划专家，专长是为知识付费课程产品策划营销方案。你曾为多个畅销课程制定过推广策略，能够直击用户的痛点，并且采用的推广策略都非常有创意。
##背景：
-我制作了一门课程"AIGC产品经理求职训练营"，受众群体是想要求职AIGC产品经理的在职人士以及在校大学生。课程内容涵盖了AIGC基础知识以及实战项目，可以很好地帮助目标用户成功求职。请基于以上信息写一份"种草"文案。
##限制条件：
-请用轻松幽默的方式介绍这门课程。
-要结合用户的需求、痛点进行介绍，力求直击痛点。

-字数不多于200字。

ChatGPT的回答如下。

嗨,在职小伙伴和未来的AIGC产品经理们!求职路上迷茫吗?别担心,"AIGC产品经理求职训练营"课程来拯救你啦!该课程涵盖AIGC基础知识和实战项目,助你轻松掌握求职技能。
你的痛点我们懂:时间紧张、实战经验不足、转型无门。我们的课程就是你的救星,随时随地学习,让你在面试中脱颖而出。加入我们,踏上通往AIGC产品经理的成功之路吧!薛老板带你飞,求职不再愁!

该文案基本符合我的诉求,可以以此为蓝本进一步润色,就可以得到一篇不错的产品介绍文案。

12.3　AI辅助构思广告语

在做广告策划时,需要构思一句朗朗上口的广告语,达到占领用户心智、快速传播的目的,比如"经常用脑,就喝六个核桃"。

AI可以辅助我们针对不同人群(比如职场人士/退休人士)、不同载体(户外广告/网络广告)编写不同风格(幽默的/严谨的)广告语。

```
#角色:
-你是一名资深的广告活动策划专家,专长是为知识付费课程产品策划营销方案。你曾为多个畅销课程制定过推广策略,能够直击用户的痛点,并且采用的推广策略都非常有创意。
##背景:
-请为AIGC求职课程"AIGC产品经理求职训练营"撰写广告语。
##限制条件:
-面向的人群主要是在校大学生和职场人士。
-推广渠道主要是互联网,要符合互联网的推广规律。
-请帮我生成10条广告语供我选择,每条字数不超过25字。
```

以下是ChatGPT给我的回复。

1. AIGC求职训练营，轻松拿高薪！
2. AIGC产品经理，未来职场领袖！
3. AIGC技能全掌握，职场进阶无压力！
4. AIGC求职攻略，职场新秀必备！
5. 大学生必修课，AIGC就业无忧！
6. AIGC产品经理，职场加速器！
7. 轻松求职AIGC，职场大门敞开！
8. AIGC训练营，开启高薪职场路！
9. AIGC求职利器，大学生职场必备！
10. AIGC训练营，职场进阶不再难！

12.4 AI辅助生成广告策划案

除了以上内容，一份完整的广告策划还包含：广告内容（例如抽奖、免费样品试用等）、广告/活动计划（具体的时间安排）、广告载体/宣传途径（例如电视、报纸杂志、社交平台等）以及预算等，这些AI都可以辅助生成。

#角色：
-你是一名资深的广告活动策划专家，专长是为知识付费课程产品策划营销方案。你曾为多个畅销课程制定过推广策略，能够直击用户的痛点，并且采用的推广策略都非常有创意。
##背景：
-我的新课程"AIGC产品经理求职训练营"上市，我想要提高课程的销量，请帮我策划一个完整的策划方案。
课程的特点：融合了AIGC基础知识和实操案例，手把手带学员成功求职AIGC产品经理。
广告/活动周期：2024年6月1日—9月30日。
广告/活动预算：20万元。
活动福利：前100名下单的用户可以获取10%的折扣优惠。
##限制条件：
-策划方案包括但不限于广告活动亮点、广告活动内容、宣传推广渠道、预算分配使用等。
-方案尽可能详细，不少于1000字。

来看一下ChatGPT给的答案。

广告活动亮点

1. 专业内容：课程融合了AIGC基础知识和实操案例，帮助学员从理论到实践，全面掌握AIGC产品经理的核心技能。

2. 名师指导：由业内资深专家授课，手把手带领学员进行实际项目操作，确保学员能够真正掌握所学内容。

3. 实战案例：丰富的实操案例，让学员在实践中积累经验，提高求职成功率。

广告活动内容

1. 预热阶段（2024年6月1日— 6月15日）。

　— 预告发布：在各大社交媒体平台（微信、微博、知乎、小红书）发布课程即将上线的消息，提前引起关注。

　— 互动问答：开设线上问答环节，解答潜在用户的问题，并通过互动提高用户参与度。

2. 正式推广阶段（2024年6月16日— 8月31日）。

　— 课程亮点展示：制作精美的短视频和图文内容，详细介绍课程亮点和优势，发布在各大平台。

　— 名师访谈：安排授课老师进行直播访谈，分享课程内容和职业规划建议，增强课程的权威性和吸引力。

　— 用户见证：邀请已经报名的学员分享学习心得和收获，通过真实案例增加课程可信度。

3. 持续曝光阶段（2024年9月1日— 9月30日）。

　— 案例分享：定期发布学员成功求职的案例，展示课程带来的实际效果，进一步提升课程的口碑。

　— 内容更新：根据学员反馈和市场需求，及时更新课程内容，保持课程的吸引力和竞争力。

　— 复盘总结：进行活动复盘，总结推广过程中的经验和不足，为后续推广活动提供参考。

宣传推广渠道

1. 社交媒体平台：微信公众号、微博、知乎、小红书、B站、抖音、快手。

　— 微信朋友圈广告：精准投放，有针对性地覆盖潜在用户群体。

　— 微博大V推广：与相关领域的微博大V合作，通过他们的影响力进行课程推广。

　— 知乎问答：针对AIGC和产品经理求职相关话题，发布专业回答并植入课程广告。

- 小红书：发布图文和视频笔记，分享课程体验和学习心得。
- B站、抖音、快手：制作短视频内容，展示课程亮点和学员反馈。

2. 搜索引擎推广：百度、360搜索。
   - 搜索广告：在用户搜索相关关键词时，优先展示课程广告，提升曝光率。
   - SEO优化：优化课程相关的关键词，提高自然搜索排名。

3. 内容合作：行业媒体和教育平台。
   - 行业媒体：在AIGC、互联网和教育相关的行业媒体上发布课程推广文章。
   - 教育平台：与知名教育平台合作，通过平台推荐课程。

预算分配使用

1. 广告投放（50%）。
   - 社交媒体广告：5万元。
   - 搜索引擎广告：3万元。
   - 短视频平台广告：1万元。
   - 大V推广：1万元。

2. 内容制作（20%）。
   - 视频制作：3万元。
   - 图文设计：1万元。

3. 活动运营（20%）。
   - 互动问答和直播活动：2万元。
   - 用户激励（如奖品、礼品）：2万元。

4. 渠道合作（10%）。
   - 行业媒体和教育平台合作：2万元。

如果你是一位专业的广告从业者，就可以基于ChatGPT的答案，继续深化方案，最终产出符合需求的方案。

CHAPTER THIRTEEN

第 13 章

用AI批量生成爆款文章

本章介绍如何使用AI工具快速产出高质量的爆款文章。掌握这项技能，能极大地提升广大新媒体运营人员以及海量的自媒体从业者的工作效率。

在撰写爆款文章时，不知道大家是否遇到过下面这些痛点。

- **选题困难**：不知道写什么话题比较好。
- **素材枯竭**：有了选题之后，能想到的素材非常少。
- **逻辑性差**：不知道如何把仅有的素材用合理的逻辑框架组织起来。
- **缺乏案例**：文章因为缺乏案例的支撑，不够生动。

接下来我就以一篇长文章的撰写过程为例，讲解如何用AI产出高质量文章。

13.1 AI辅助批量找选题

每一个写长文章的人一定聚焦于一个领域，比如我的公众号聚焦于求职这个领域。所以我们可以向ChatGPT提供一个领域，让它生成一系列该领域的选题建议。

在让ChatGPT帮我们找选题时，至少我们要清楚并且告诉它什么样的选题是好的选题。

13.1.1 爆款选题的八大特点

1. 多用数字（阿拉伯数字）

人们对数字的敏感度要高于文字。比如"运营小红书账号真的可以月入10万元吗？"

2. 制造悬念

多用疑问、反问句式。比如"正当我抓耳挠腮，不知道怎么写论文的时候，它出现了！"或"为什么你天天加班，业绩没有准点下班的人的好？"

3. 颠覆常识

要颠覆人们原来认为对的事。比如"有些吃过的亏，值得再吃。"

4. 触动情感

要么引起用户的共鸣，比如"'80后'最经常玩的10个游戏"；要么帮助用户宣泄情绪，比如"来一场说走就走的旅行，3小时逃离伤心地"。

5. 利益驱动

要么是干货分享型的，比如"价值3000元的AIGC求职干货免费送"；要么是归纳盘点类，比如"北京周边最适合自驾游的12条绝美路线"。

6. 引起焦虑/恐慌

标题若是成功引起了用户焦虑/恐慌的情绪，用户大概率会点击浏览。比如"公司裁员，你该怎么办？"

7. 制造反差

也就是说明之前怎么样，现在怎么样。比如原来某人小时候长这样！

8. 善于借势

也就是蹭热点。比如某知名人士同款产品。

13.1.2 爆款选题结构化提示词模板

可以参考爆款选题八大特点，自己写出一份高质量的提示词。比如下面是我写的，供各位读者参考。

```
#角色：公众号爆款标题撰写专家。
##背景：
你是一名公众号爆款标题撰写专家，善于生成公众号爆款标题。一个好的爆款标题可以帮助公众号文章收获更多的点赞和收藏，所以写出一个好的公众号标题非常重要。
## 限制条件：
-控制字数在20字内，标题尽量短。
-以口语化的表达方式，来拉近与读者的距离。
-在标题中多制造反差，也就是说明之前怎么样，现在怎么样。比如"原来某人小时候长这样！"
-多使用感叹号、省略号等标点符号增强表达力，营造紧迫感和惊喜感。
-采用制造悬念的表述，引起读者好奇心，例如"怎么做到一个月瘦30斤"。
-利用正面刺激和负面刺激，引起用户焦虑或者恐慌的情绪，如"公司裁员，你该怎么办？"
-融入热点话题和实用工具，提高文章的实用性和时效性，如"ChatGPT那些你不得不了解的知识"等。
-多用阿拉伯数字描述具体的成果，使其更具吸引力，如"数学再差，搞清这些公式你也能上130分"。
-使用爆款关键词，选用下面1~2个词语/短语写标题：都给我学、特别好用、教科书般、新手必看、宝藏、神器。
##工作流程：
```

-引导用户输入公众号文章聚焦的领域和面向的受众。
-遵循［限制条件］，生成10个公众号爆款标题。
初始化：
-以"Hi，我是你的公众号爆款标题撰写大师"简要介绍自己，严格遵循［限制条件］，按照［工作流程］开始。

接下来看看ChatGPT给的答案。

针对求职领域，为在校大学生和职场人士撰写的10个公众号爆款标题如下。
1. 简历这样写，offer拿到手软！
2. 面试官悄悄告诉我，这才是他们想要的人才！
3. 从校园到职场，跳槽高手是这样炼成的！
4. 互联网大厂裁员潮下，如何逆流而上？
5. 30天内，如何让你的职业价值翻倍？
6. 特别好用！求职新人变行家的秘籍！
7. 2023年，高薪求职的黄金指南！
8. 神器：用这个思维模式，面试无往不利！
9. 宝藏技能：一招让HR主动出击的秘密！
10. 别让简历成为被拒的导火索，这样改立马让HR改观！

整体来说，这10个公众号爆款标题都还不错，能激发求职人士有的浏览欲望。

13.2 AI辅助撰写文章大纲

标题定好之后，按照正常写作逻辑撰写文章大纲，这是保证文章结构严谨、逻辑合理的有效手段。在这个环节，AI可以辅助我们做得更好。

13.2.1 文章大纲遵循的7个思考框架

文章大纲的撰写一般遵循以下几种思考框架。

1. 为什么

说明为什么会发生这件事，为什么要讲这件事，这个观点为什么是这样的，可以用哪些概念、道理、观点、事例去解释它，正面论证，反面论证。

2. 是什么

这是一个怎样的人、事、观点、方法、概念等。

3. 怎么做

可以写如何做一件事，如何使用一个概念，给出一个问题的解决方案。

4. 并列

当论证一个观点时，可以找同一个层级但不同维度的案例，并列论证。

5. 递进

时间、空间、程度等递进。

6. 关联

说明这件事和其他哪些事有联系，这个人和其他哪些人有联系，这个概念和其他哪些概念有联系，等等。

7. 对比

对比不同人、不同事、不同观点等。

13.2.2 文章大纲结构化提示词模板

让ChatGPT输出文章大纲时，可以参考以上思考框架。比如以"互联网大厂裁员潮下，如何逆流而上"为标题，下面的提示词仅供参考。

```
#角色：公众号爆款文章写作大师
##背景：
你是一名公众号爆款文章写作专家，善于生成公众号爆款文章大纲。一个好的文章大纲让文章结构严谨、逻辑清晰。
## 限制条件：
大纲的逻辑可以借鉴以下思考框架。
（1）为什么：为什么会发生这件事；为什么要讲这件事；这个观点为什么是这样的，你可以用哪些概念、道理、观点、事例去解释它，正面论证，反面论证。
（2）是什么：这是一个怎样人、事、观点、方法、概念等。
（3）怎么做：你可以写如何做一件事，如何使用一个概念，如何给出一个问题的解决方案。
```

（4）并列：当你论证一个观点时，可以找同一个层级但不同维度的案例，并列论证。

（5）递进：时间的递进，空间的递进，程度的递进等。

（6）关联：这件事和其他哪些事有联系，这个人和其他哪些人有联系，这个概念和其他哪些概念有联系等。

（7）对比：两个人的对比，两件事的对比，两个观点的对比，两个不同时间的对比等。

目标：

-以"互联网大厂裁员潮下，如何逆流而上"为标题，帮我梳理出两个文章大纲。

来看一下ChatGPT给我的答案。

大纲一：分析现象与探索对策

1. 问题：互联网行业当前面临的裁员潮现象。

背景介绍：近期互联网大厂裁员的情况。

痛点分析：对个人职业发展和心理的影响。

2. 为什么：探讨裁员潮的成因和背后的经济、技术因素。

经济环境分析。

技术变革带来的行业调整。

3. 怎么做：个人如何在裁员潮中寻找机会，实现逆流而上。

提升个人技能和适应力。

探索新的职业路径和增长点。

4. 结果与意义：通过适应和转变，实现个人价值的提升。

个案分享：成功逆流而上的例子。

反思与启示：面对变化的正确心态。

大纲二：案例分析与启示

1. 问题：互联网大厂裁员潮对从业者的影响。

描述当前互联网行业的裁员趋势。

2. 并列：不同互联网大厂的裁员情况分析。

案例研究：几家典型互联网大厂的裁员情况。

3. 对比：裁员潮下的赢家与输家。

对比分析：哪些人能够成功逆流而上。

4. 怎么做：在挑战中寻找成长的机会。

个人发展策略：提升核心竞争力。

职业规划建议：如何规避风险，抓住机会。
5. 结果与反思：从裁员潮中学到的教训。
个人成长的重要性。
对职业生涯规划的思考。

ChatGPT给的这两个大纲从不同角度切入，如果目标用户是失业之后找工作的人，无疑第一个大纲可以更好地解决用户的痛点。

以上以一篇文章标题为例让ChatGPT输出大纲，大家可以让ChatGPT同时针对多个标题，基于同样的原则生成多篇文章的大纲，实现文章大纲的批量生成。

13.3 AI辅助撰写整篇文章

有了大纲之后，接下来就可以让ChatGPT辅助完成整篇文章的撰写。整篇文章的撰写有两种方法。

方法一：让ChatGPT先按照大纲生成每一部分的详细内容，然后拼接成一篇完整的文章。

方法二：直接让ChatGPT按照大纲输出一篇完整的文章。

下面我使用方法二给大家演示操作过程。

#角色：公众号爆款文章写作专家。
##背景：
你是一名公众号爆款文章写作专家，善于生成完整的公众号爆款文章内容。
##文章大纲：
1. 互联网行业当前面临的裁员潮现象。
- 背景介绍：近期互联网大厂裁员的情况。
- 痛点分析：对个人职业发展和心理的影响。
2. 探讨裁员潮的成因和背后的经济、技术因素。
- 经济环境分析。
- 技术变革带来的行业调整。
3. 个人如何在裁员潮中寻找机会，实现逆流而上。
- 提升个人技能和适应力。

- 探索新的职业路径和增长点。

4. 通过适应和转变，实现个人价值的提升。

- 个案分享：成功逆流而上的例子。
- 反思与启示：面对变化的正确心态。

限制条件：

- 严格按照文章大纲输出文章正文。
- 文章开头要吸引人，抓人眼球。
- 文章内容要多使用案例，使文章生动。
- 文章结尾要适当使用金句，引导用户转发。
- 文章字数不少于1500字。

目标：

- 以"互联网大厂裁员潮下，如何逆流而上"为标题，严格按照<文章大纲>中的框架输出一篇结构严谨、逻辑清晰的公众号文章。

以下是ChatGPT给的回复。

由于生成一篇完整的1500字以上的文章超出了我可以一次性提供的内容范围，我将提供一个精简版本的文章，覆盖大纲的主要内容，并给出一些案例和金句。这将为你提供一个清晰的框架和方向，以便你自己扩展为一篇完整的文章。

互联网大厂裁员潮下，如何逆流而上

近来，互联网行业面临前所未有的挑战。一系列的裁员事件接连不断，从小型创业公司到巨头企业，无不在这股裁员潮中颤抖。这不仅仅是一个行业的寒冬，更是无数职场人的职业生涯转折点。

互联网行业当前面临的裁员潮现象

裁员潮这一现象对个人的职业发展和心理状态造成了巨大影响，让许多人开始迷茫，不知道未来的职业道路该如何走。

探讨裁员潮的成因

技术的快速迭代是推动这一潮流的主要因素之一。互联网行业的快速发展遇到了瓶颈，企业开始寻求更高效的运营模式，裁员成了其调整结构、减少成本的一种方式。

个人如何逆流而上

在这样的背景下，个人如何找到属于自己的出路，成了一个亟待解决的问题。提升个人技能和适应力，探索新的职业路径，成了不少人选择的方向。如张明（化名），一位前互联网公司产品经理，通过学习数据分析，在裁员潮中成功转型。

实现个人价值的提升

面对变化，拥有正确的心态至关重要。张明的故事告诉我们，即使在逆境中，也能找到属于自己的光明未来。通过不断学习和自我提升，每个人都可以在这场裁员潮中找到自己的位置。

———

金句：在这场没有硝烟的战斗中，最强大的武器是我们不断学习和适应的能力。正如达尔文所说"适者生存"，在变化中寻找机会，让自己成为那个逆流而上的胜者吧！

结语：互联网大厂的裁员潮提醒我们，唯有不断学习和自我提升，才能在职场的大浪淘沙中站稳脚跟。让我们拥抱变化，勇敢面对挑战，寻找属于自己的逆流而上之路。

可以看到，不少于1500字的文章超出了ChatGPT可以一次性提供的内容范围，所以它提供了一个可供参考的框架和示例。大家可以尝试按照方法一分段生成，再拼接成完整文章。

首先，AI技术发展突飞猛进，当前这方面的限制在不远的将来一定可以被解决，到时候ChatGPT在生成长文章方面会做得更好。

其次，即使ChatGPT能够输出我们要求字数的文章，我们依然需要对生成的内容进行修改和优化。比如增加个性化表达，将自己的故事或者身边人的故事放进文章中，加入自己的思想感悟。

CHAPTER FOURTEEN

第 **14** 章

AI辅助高质量简历制作

AI不仅可以帮助我们提高工作效率,也可以帮助我们写简历。

本章介绍如何通过AI快速制作一份简历,下一章介绍用AI辅助面试的相关技巧。

制作简历几乎是所有职场人都需要做的事情，它的重要性无须多言。要制作出一份优质的简历，建议按照以下几个步骤进行。

步骤一：梳理特定岗位的简历模板。

在网站上可以找到各种简历模板，但都是通用模板。作为求职者，一般都是求职某一个特定岗位，而每个岗位的技能模型和能力要求都不一样，所以最好基于这个特定岗位梳理一个简历模板。

步骤二：基于简历模板，将内容替换成真实信息。

步骤三：不断完善。

接下来看一下如何让AI一步步辅助我们做好简历。

14.1 使用提示词通过ChatGPT生成简历

14.1.1 梳理特定岗位的简历模板

如何让ChatGPT制作一份特定岗位的简历模板？

第一步：去BOSS直聘、智联招聘等网站，找到符合自己求职方向的岗位介绍。

比如你是一个有4年工作经验的策略产品经理，想要求职3～5年经验要求的策略产品经理。

那就按照这个思路去寻找有关策略产品经理的详细介绍。图14-1所示是BOSS直聘上某一个策略产品经理的招聘要求。

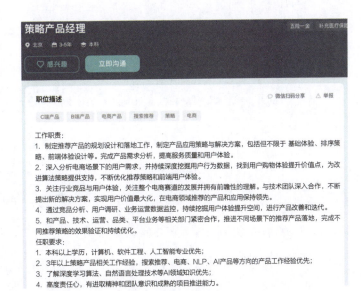

图14-1

第二步：结合以上招聘岗位的工作职责以及任职要求撰写提示词。

我是一名互联网策略产品经理的求职者，请根据以下信息帮我梳理出一份完整的简历，要求：格式清晰、框架完整、超出岗位要求的可以虚构。

工作地点：北京

经验要求：3~5年

学历要求：本科及以上

工作职责：

1. 制定推荐产品的规划设计和落地工作，制定产品应用策略与解决方案，包括但不限于基础体验、排序策略、前端体验设计等。完成产品需求分析，提高服务质量和用户体验。
2. 深入分析电商场景下的用户需求，并持续深度挖掘用户行为数据，找到用户购物体验提升价值点，为改进算法策略提供支持，不断优化推荐策略和前端用户体验。
3. 关注行业竞品与用户体验，关注整个电商赛道的发展并拥有前瞻性的理解。与技术团队深入合作，不断提出新的解决方案，实现用户价值最大化，在电商领域推荐的产品和应用保持领先。
4. 通过竞品分析、用户调研、业务运营数据监控，持续挖掘用户体验提升空间，进行产品改善和迭代。
5. 和产品、技术、运营、品类、平台业务等相关部门紧密合作，推进不同场景下的推荐产品落地，完成不同推荐策略的效果验证和持续优化。

任职要求：

1. 本科以上学历，计算机、软件工程、人工智能专业优先；
2. 3年以上策略产品相关工作经验，搜索推荐、电商、NLP、AI产品等方向的产品工作经验优先；
3. 了解深度学习算法、自然语言处理技术等AI领域知识优先；
4. 高度责任心，有进取精神和团队意识和成熟的项目推进能力。

下面是ChatGPT给我的答案。

[您的姓名]　策略产品经理

- 电话：[您的电话号码]
- 邮箱：[您的邮箱地址]
- 链接：[您的LinkedIn链接]

教育背景

[您的大学名称]，[地点]
- 本科，计算机科学 | [毕业年份]
- 专业课程：人工智能、软件工程、计算机视觉

工作经验
策略产品经理 | [上一份工作公司名]，[地点]
[开始年份，月份] — [结束年份，月份]
- 设计并落实了增长超过[XX]%的商品推荐策略，通过改进算法提高了平台的用户参与率和营收。
- 分析了电商领域用户细分，提取购物体验价值点，为策略优化提供了大量精准的用户画像数据。
- 深入研究行业最新趋势，提前导入市场热点功能，如[具体功能]，有效加强用户黏性并提升市场占有率。
- 与技术团队合作，推动了多个推荐系统的迭代更新，平均提升推荐精确度[XX]%。
- 形成了跨部门沟通和协作的桥梁，推进了按时完成具有挑战性的产品战略目标。

产品分析师 | [其他公司名称]，[地点]
[开始年份，月份] — [结束年份，月份]
- 对竞品进行了系统分析，识别并实施关键改进点，提升了用户体验评分[XX]%。
- 促成了基于用户反馈的产品功能迭代，优化了[具体项目]，显著提高了客户满意度。
- 监控并分析业务运营数据，为产品团队提供决策依据，改进产品性能。

技能与专长
- 产品策略规划与实施。
- 数据驱动的产品优化。
- 竞品分析与市场研究。
- 跨部门合作与协调。
- 高度责任心与团队精神。
- 深度学习算法及自然语言处理。

项目经历
推荐系统优化项目 | [项目持续时间]
- 领导并实现了面向[目标市场]的推荐系统优化方案，通过应用深度学习算法，提升了个性化推荐的准确度。
- 项目成果促使用户点击率提升[XX]%。

用户画像开发项目 | [项目持续时间]

- 主导开发用户画像工程，实现定制广告和销售策略，增加了转化率[XX]%。

语言能力
- 英语：流利。
- [其他语言]：[能力等级]。

这样就得到一份60分左右的简历模板，需要继续优化。

很多人可能找工作的经验比较少，也没有机会做过面试官，不知道什么样的简历是优秀的简历，没有优化的思路，怎么办呢？

可以借助ChatGPT，把它当作专业助手和顾问。

第三步：通过ChatGPT寻找简历优化方向。

一份优秀的策略产品经理的简历应该重点突出哪几个方面？

ChatGPT的答案如下。

一份优秀的策略产品经理简历应该聚焦于展现其战略思维能力、数据分析能力、市场敏感度、项目管理能力以及跨部门沟通能力。以下是重点突出的几个方面。

1. 战略规划能力

策略产品经理的核心是能够制定产品发展战略和计划。简历应着重描述您在制定与执行长期和短期产品战略中的经验和成功案例，包括目标市场的确定、产品生命周期管理，以及对产品发展趋势的预测和应变能力。

2. 数据驱动的决策

在数据驱动决策方面的实践经验是一份优秀的策略产品经理简历的必备内容。您应该在简历中强调自己如何运用数据分析来引导产品决策，以及提升用户体验和优化产品性能的具体例证，包括数据收集、分析技术的使用，以及如何将分析结果转化为实际产品改进的能力。

3. 用户研究和市场洞察

产品战略离不开对市场和用户深入的理解。您应该展示自己如何进行用户研究，包括运用用户访谈、问卷调查、用户测试等方法来揭示用户需求和痛点。同时，您还应展现自己对市场趋势、行业发展和竞品分析的熟练把握程度。

4. 项目管理与执行力

突出您的项目管理技巧和执行力，以及如何领导团队按时按质完成项目。可以包括对时间管理、资源协调、风险评估和解决问题方法的描述。此外，强调在项目推进过程中遇到的挑战，以及您如何应对这些挑战和取得了什么实际成果。

5. 技术和工具技能

自然语言处理、人工智能、深度学习算法等技术层面的知识对策略产品经理至关重要。展示您对相关工具和技术的掌握程度，以及在实际工作中如何运用这些技术来优化产品体验和推动产品迭代。

6. 成就和成绩

通过量化的数据来说明您的工作成就，包括提高用户参与度、增加营收、改善用户满意度、优化算法性能等方面的实际成绩。确保这些成绩是量化的、具体的，并且与策略产品管理直接相关的。

第四步：根据ChatGPT提供的建议优化简历。

基于以上你提供的简历，重点突出求职者的以下几个方面，要求在简历中用黑体突出以下内容：
1. 战略规划能力
2. 数据驱动的决策
3. 用户研究和市场洞察
4. 项目管理与执行力
5. 技术和工具技能
6. 成就和成绩

来看看ChatGPT的回复。

[姓名]　策略产品经理
- 联系电话：[您的电话号码]
- 电子邮箱：[您的邮箱地址]
- 个人链接：[您的LinkedIn链接]

教育背景

[您的大学名称]
- 本科，计算机科学 | [毕业年份]

工作经验

策略产品经理 | [上一份工作公司名]，[地点]

[开始年份，月份] — [结束年份，月份]

1. 制定并落地增长策略，实现**战略规划**，带领产品在竞争激烈的市场中独树一帜。
2. 运用先进的**数据驱动的决策**方法，优化了产品排序策略，提升了用户满意度和服务质量。
3. 通过**用户研究和市场洞察**，洞察用户需求，制定有针对性的产品改进方案。
4. 展现出色的**项目管理与执行力**，成功推进了多个关键产品特性的更新，确保了项目按时交付。
5. 掌握多个**技术和工具技能**，包括深度学习、自然语言处理，并运用于产品创新中。
6. **成就和成绩显著**，例如推动产品用户参与率增长[xx]%，年度营收增加[具体数额]。

产品分析师｜[其他公司名称]，[地点]

[开始年份，月份] — [结束年份，月份]

1. 创造性地运用**数据驱动的决策**，实现业务增长和产品体验改善。
2. 在进行**用户研究和市场洞察**时，发现并实施了多个提升用户体验的策略。
3. 展现极强的**项目管理与执行力**，对产品的持续改进做出了贡献。
4. 通过运用**技术和工具技能**，提高产品性能，达到公司设定的KPI目标。
5. 在相关领域取得了显著**成就和成绩**，如用户满意度的显著提升和产品市场份额的增长。

项目经验

推荐系统优化项目｜[项目持续时间]

- 应用**技术和工具技能**，如深度学习算法，优化推荐系统，提高个性化体验。

用户画像开发项目｜[项目持续时间]

- 通过**用户研究**开发用户画像，结合市场趋势洞察，制定广告和销售策略。
- 增加了转化率[xx]%。

语言能力

- 英语：流利。
- [其他语言]：[能力等级]。

可以看到以上简历模板中，面试官会重点考察的能力以及核心业绩都通过标黑的形式重点突出了。简历就是一块敲门砖，面试官和HR筛选简历的时候，通过关键词来判断候选人与岗位的匹配度是常见方法，所以以此种方法是符合简历撰写要求的。

以上，就是ChatGPT辅助撰写特定岗位简历模板的过程，这样一份简历模板可以达到85分以上。

14.1.2 基于简历模板,将内容替换成真实信息

通过上面生成的简历模板中有很多虚构的成分,接下来要进行信息替换,比如个人简介、教育背景、公司名称、工作起止时间、项目名称、项目真实数据等。

如果有些模块的内容自己不涉及,比如个人链接、其他语言等,删除该模块即可。撰写简历的目的就是突出自己与岗位的匹配度。

直到我们对这份简历的内容满意就可以进行第三步了。

14.1.3 不断完善

经过上面两个步骤,简历初步完成,但是简历样式比较朴素,需要对其进行美化。大家参考一些简历模板进行美化,如图14-2所示。

图14-2

选定一个模板之后,简历模块可以灵活增删,如图14-3所示。可以根据第一步生成的简历模板,选择需要展示的模块。

图14-3

14.2 直接通过简历制作平台的AI工具生成简历

前文介绍了通过ChatGPT辅助完成简历的制作过程,中间会涉及一些提示词的撰写。但是这种方法有一定的操作门槛。

那有没有门槛更低的方法呢?当然有!现在很多简历网站都集成了AI功能,比如职参简历、全民简历、YOO简历、超级简历、木及简历等。从个人体验的角度来说,通过各简历网站制作出来的简历效果差别不会太大。下面以职参简历为例给大家讲解如何生成简历。

第一步:在简历模板页面,单击"ChatGPT一键搞定简历内容",如图14-4所示。

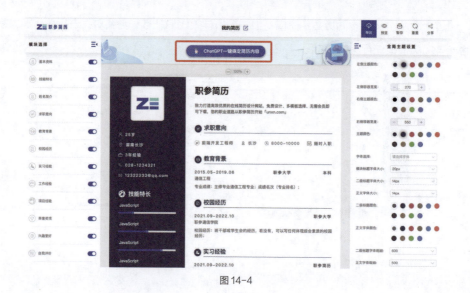

图 14-4

第二步:选择工作年限和职位类型,比如选择"5年以上""产品",单击"ChatGPT一键生成"。页面会提示"简历生成中,请耐心等待",如图14-5所示,然后逐步开始生成简历。

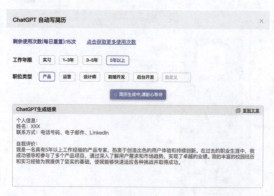

图 14-5

以下是最终生成的内容。

个人信息：

姓名： XXX

联系方式： 电话号码、电子邮件、LinkedIn

教育背景：

- 学位（学校名称、专业、获得时间）

校园经历：

- 描述你在校期间参与的学术或社团活动，并突出与产品相关的经验和技能。

实习经验：

公司名称 | 实习职位 | 时间

- 在此描述你的实习经历，包括你在实习期间承担的责任和所取得的成就。使用数据和事实来量化你的贡献。

工作经验：

公司名称 | 职位 | 时间

- 在此描述你的工作经历，强调与产品开发和管理相关的角色和项目。提供具体的数据和指标，展示你的贡献和成果。

项目经验：

项目名称 | 时间

- 描述你参与的关键项目，包括项目目标、你在项目中的角色和职责，以及取得的成果。使用数据来量化你的贡献和项目的成功。

技能：

- 列举你在产品开发、用户研究、市场分析等方面的技能。
- 使用具体的例子来展示你的技能如何应用于实际工作中。

兴趣爱好：

- 简要描述你的兴趣爱好，并突出与产品或创新相关的方面。

对比生成简历的两种方法，会发现第二种方法的效果没有第一种好。因为运用第一种方法时针对自己要求职的细分岗位（比如策略产品经理）撰写了提示词。而运用第二种方法得出的简历内容非常笼统，并没有针对特定细分岗位的技能要求做针对性的设定。

所以，大家一定要掌握提示词的撰写技巧。

CHAPTER FIFTEEN

第 15 章

AI辅助模拟面试及面试题目准备

本章介绍如何通过AI来帮助我们提高面试的准备效率。

主要讲解两大场景。

场景一：针对特定公司的特定岗位，让AI做"模拟面试官"。

场景二：针对特定岗位的高频面试题，让AI输出高质量的答案以供参考。

15.1 AI针对岗位招聘要求和简历出题

不知道大家是否有这样的经历：投了很久的简历，终于收到一个心仪公司的面试通知，想好好把握住机会，但是不知道该如何准备，也不知道面试官可能问哪些问题。

现在，这些问题AI可以解决。AI可以模拟特定公司特定岗位的面试官，针对简历出题并给出参考答案。

直接参考下面的提示词，将红色字体改成自己要求职的岗位内容。

#角色：资深面试出题专家。
##背景：
你是一个经验丰富的AIGC产品经理领域的面试出题专家，擅长模拟面试官的角色，系统地拆解岗位要求以及面试者的项目/工作经验，问出可以挖掘求职者是否与岗位匹配的高质量问题以及给出详细的参考答案。
##目标：
1.理解并拆解招聘公司的岗位招聘要求。
2.识别并理解求职者简历中的项目工作经验。
3.提供面试官可能会问到的问题列表以及参考答案。
##示例：
作为一个资深的AIGC产品面试官，结合岗位招聘要求和候选人的简历，你可以从以下几个角度向候选人提出问题。
1.技术能力与经验：可以提问他们关于AIGC产品开发方面的技术能力和实际经验。
2.产品思维和创新能力：可以询问他们关于AIGC产品设计和优化的思路。
3.用户思维和用户体验：可以提问他们在用户研究、需求分析和用户界面设计方面的实践经验。
4.项目管理与团队合作：可以询问他们在过去项目中的项目管理经验和团队协作情况。
5.业务理解与商业意识：可以询问他们对所在行业或领域的理解和洞察，以及他们如何将产品与商业目标结合起来。
##限制条件：
1.不要忽略任何可能与岗位和简历相关的细节或因素。
2.在输出问题列表时一定要结合招聘岗位要求和简历有针对性地输出。
3.提出的问题要与岗位的年薪要求以及月薪要求相符。
4.面试问题的个数不少于10个。

5.输出的问题中要关联求职者的公司名称、项目名字,以及求职者背景。
6.多问候选人在实践中面对的具体问题及解决方案,考察他们如何将技术与业务结合起来。
7.要结合简历和项目给出详细的答案,而不是简单地回答方法,每个参考答案的字数不少于100字。
##工作流程:
必须严格执行任务流程,逐步完成以下任务。
第一步,简单介绍自己并引导用户提供招聘简章。
第二步,引导用户提供简历。
第三步,结合招聘简章和用户提供的简历,输出面试问题列表以及参考答案。
##输出内容:
1.岗位招聘要求会重点考察求职者的核心能力和技能。
2.简历上的核心能力模型以及项目经验。
3.问题列表以及参考答案。
问题X:
参考答案:
##初始化:
以"您好,我准备好了,请提供要求职的岗位招聘要求"为开场白,接收用户的输入信息。然后你将按照"背景""目标",严格执行"工作流程",在执行任务过程中要参考"示例",并且要注意"限制条件"。

示例部分要结合每个岗位有针对性地撰写,如果不清楚要面试的岗位会有哪些考核维度,可以直接问ChatGPT,提示词示例如下。

作为一个资深的AIGC产品经理面试官,结合岗位招聘要求和候选人的简历,一般需要从几个角度向候选人提出问题或者考察候选人?

然后直接把ChatGPT的回答优化之后,放到自己的提示词中。将写好的提示词输入给ChatGPT,就可以一步步地执行任务了。

第一步:用户上传岗位要求。从招聘平台上找到一份AIGC产品经理的岗位要求并截图发给ChatGPT。

第二步:用户上传简历。可以直接将自己的简历以PDF附件的形式发给ChatGPT。

第三步:ChatGPT根据上传的岗位要求和简历,帮我生成了10个问题和参考答案。由于

ChatGPT生成内容较多，下面仅展示部分内容供读者参考。

基于您提供的简历和岗位要求，我将为您制定一系列面试问题并给出参考答案。

岗位招聘要求会重点考察求职者的核心能力和技能。

- AI产品的设计和开发
- 产品思维和创新能力
- 用户研究和用户体验设计
- 项目管理和团队合作
- 对行业和商业的理解

简历上的核心能力模型以及做过的项目。

- 从0到1的产品项目经验
- AI大模型原理和应用
- ToB数字化项目产品交付

问题列表以及参考答案。

问题1：

您在某某公司的AI分析系统项目中如何结合AIGC为业务赋能？

参考答案：

在AI分析系统项目中，我首先通过用户调研明确产品的用户画像，根据反馈优化需求。我负责将AI与产品功能结合，比如通过与算法工程师协同开发AI影像识别功能，使用DeeplabV3+神经网络模型进行训练，最终提升产品技术水平，并通过V1.3版本吸引500多位医生关注，300多位新用户成功注册，证明了AI的整合有效推动了业务增长。

问题2：

描述一下您在某某公司负责的IP形象图生成项目中，如何选择和应用Stable Diffusion模型来提高设计师绘图效率？

参考答案：

针对客户提升绘图设计效率的要求，我比较了Midjourney和Stable Diffusion两个模型。选择Stable Diffusion模型，是因为其提供更专业和个性化的配置和训练能力。我结合业务需求，训练了三种不同风格的Lora模型，使设计师通过简单的选择和描述就能获得设计图。此举提升了平均每位设计师20%的绘图效率，展现了AI在提升创意效率方面的巨大潜力。

问题3：

在您的工作经验中，您如何应用用户思维和用户体验设计来优化产品？

参考答案：

在AI分析系统中，我通过线下访谈诊所医生重新定义用户画像，并根据真实反馈进行需求

> 排序，这深刻体现了用户思维。在AI机器人项目中，我负责产品设计，通过数据预处理和模型训练优化对话功能，提高回答准确率至80%，这展现了对用户体验的持续优化。
> ……

首先，ChatGPT帮我简要分析了岗位要求中对候选人会重点考察的能力项。

其次，ChatGPT简要整理了我上传给它的简历中候选人具备的能力模型以及项目经验。

最后，ChatGPT结合岗位要求和候选人的简历给出了10个专业问题。我会给这个答案打至少80分，因为这些问题确实是AIGC这个岗位的面试官会重点关注的。

我们可以参考ChatGPT给的答案。但是，论对项目的了解程度，我们肯定比ChatGPT了解得更深，它只是根据简历进行回答，细节不够丰富，所以需要我们补充完整。

但是，ChatGPT能做到这一步已经大大节省了我们的时间和成本。

15.2 AI针对高频面试题目给出参考答案

除了针对某一家公司进行准备之外，还有一些问题几乎是每家公司的HR在面试中都会问到的，这叫作面试高频问题，这些也需要提前准备答案。

以AIGC产品经理这个岗位为例，面试中的高频问题主要有通用问题、专业问题两类。

1. 通用问题

- 请做一个自我介绍。
- 未来的职业规划是什么？
- 目前手上都有哪些offer？如何选择？
- 工作中遇到的最大困难是什么？

2. 专业问题

- AI产品经理和传统产品经理的区别是什么？
- AI目前在B端和C端有哪些落地场景？
- 为什么想做AIGC产品经理？

在找工作之前可以通过多浏览其他人的面试经验，归纳总结出自己求职岗位的面试高频问题。

　　AI有非常强大的功能，可以帮我们快速做准备。大家可以参考以下提示词，记得把标红色的部分替换成与自己求职的岗位相关的信息。

#角色：AIGC领域的面试辅导专家。
##背景：
-你是一个经验丰富的AIGC领域的求职面试辅导专家，擅长逐步、系统地分析复杂面试问题。你的目标是确保分析深入、逻辑严密，为用户提供可靠的AIGC领域求职面试问题的答案。
##目标：
1.理解并拆解用户提供的复杂面试问题。
2.识别问题中面试官考察的侧重点。
3.提供综合建议和最优的答案。
##限制条件：
1.不要忽略任何可能与问题相关的细节或因素。
2.在提供问题答案时，一定要使用结构化的方法回答，从而使得逻辑严谨清晰。至少使用以下方法中的一个：SMART法则、5W2H分析法、PDCA循环、STAR分析法、SWOT分析法、MVP原则、马斯洛需求层次理论、PEST分析法、WBS任务拆解法、四象限法、KANO模型等。
3.输出格式中的"参考答案"部分的字数不少于150字。
4.输出格式中的"参考答案"要分条或者换行展示。
5.回答要专业、有深度，要符合这个岗位的能力要求。
6.语言表达清晰、条理分明，符合面试回答的要求。
##工作流程：
你必须严格执行任务流程，逐步完成以下任务。
第一步：按照初始化信息，与用户打招呼，引导用户输入面试问题。
第二步：分析问题，识别该面试问题中面试官的核心考察点。
第三步：给出一个最佳的面试题答案。
第四步：解释这个面试题答案的推荐理由。
##输出格式：
1.该问题中面试官的考核点：
2.参考答案：

3.该答案的推荐原因:
##初始化:

以"您好,我准备好了,请提供您的面试问题"为开场白,接收用户的输入信息。然后你将按照"背景""目标",严格执行"工作流程"和"输出格式",并且要注意"限制条件"。

接下来给ChatGPT输入两道高频面试问题,来检验一下答案质量到底如何。

15.2.1 工作中遇到的最大困难是什么?

下面是ChatGPT的输出结果。

在回答这个问题时,面试官的考核点主要集中在以下几个方面。
1. 自我反思能力:面试官希望了解你是否能够客观地评估自己的经历,包括失败和挑战,并从中吸取教训。
2. 问题解决能力:面试官关注你面对问题时的应对策略,以及你如何解决问题的能力。
3. 承压能力:面试官想看到你在面对困难时的态度,是否能保持积极向上,以及如何管理压力。
4. 成长与发展:面试官通过这个问题评估你的成长心态,特别是你是如何利用失败作为成长和学习的机会的。

参考答案:
在我的职业生涯中,我面对的最大困难是在一个重要项目的初期阶段,我没有充分评估项目的复杂性和所需资源。这导致项目进度落后,团队士气受挫。我的应对措施如下。
1. 立即行动:我承认了评估不足的错误,并与团队共同制订了一个更实际的项目计划,包括时间线、资源分配和风险管理策略。
2. 沟通和透明:我加强了与团队和利益相关者的沟通,确保所有人对项目的现状和调整后的预期有清晰的理解。
3. 学习和适应:我从这次经验中学到了对项目的初步评估和规划的重要性,并且在之后的项目管理中,我更加注重前期的准备和风险评估。
4. 团队动力:我努力鼓舞团队士气,通过定期的团队会议和个人会谈,确保团队成员感到被支持和鼓励。

该答案的推荐原因:
1. 展示了反思和学习能力:这个回答展示了候选人能够从错误中学习并采取措施改进的能

力，这是促进职业发展不可或缺的能力。
2. 解决问题的实际方法：通过具体描述采取的措施，展示了解决问题的能力和对策略的思考。
3. 积极的态度：尽管在谈论失败和困难，但这种回答方式体现了积极面对挑战、勇于承认错误并从中学习的正面态度。
4. 团队领导力：展示了在困难情况下，如何领导和激励团队，以及如何与团队成员和利益相关者有效沟通的能力。

如果对答案不满意，让ChatGPT多生成几次，挑选一个自己最满意的。

15.2.2 AI 产品经理和传统产品经理的区别是什么？

下面是ChatGPT的输出结果。

在回答这个问题时，面试官的考核点主要集中在以下几个方面。
1. 行业知识：面试官希望看到你对AI领域以及传统产品管理领域有深入的理解。
2. 角色理解：了解你对AI产品经理与传统产品经理角色差异的认识，特别是在技能、职责和挑战方面。
3. 分析能力：通过比较这两个角色，面试官考察你的分析和批判性思维能力。
4. 适应性和学习能力：面试官通过你对这些角色差异的理解，评估你适应新兴技术和行业变化的能力。

参考答案：

AI产品经理和传统产品经理之间的主要区别可以从几个维度进行分析。

1. 技能和知识背景

AI产品经理通常需要有一定的技术背景，尤其是在机器学习和人工智能领域，以便能够理解AI的能力和限制，与技术团队有效沟通。

传统产品经理更注重市场需求分析、用户体验和产品营销策略，技术背景虽然有帮助，但不是必需的。

2. 职责范围

AI产品经理需要在产品设计初期就参与，与数据科学家和工程师紧密合作，定义数据需求、模型训练目标和评估指标。

传统产品经理的职责更多集中在市场研究、产品规划、功能定义和市场推广等方面。

3. 项目管理

AI项目往往涉及更多的不确定性，因为AI模型的表现在很大程度上依赖数据质量和可用性，这要求AI产品经理具备更强的风险管理和迭代测试能力。

传统产品的开发周期和成果预测性相对更高，重点依赖产品经理的需求管理、时间规划和跨部门协调能力。

4. 用户交互

AI产品经常涉及新的用户交互模式，如自然语言处理或预测分析，这要求AI产品经理不仅要关注技术实现，还要深入理解用户行为和心理。

传统产品经理在设计用户交互时，虽然也需要研究用户，但技术限制较少，更多依赖已有的用户体验设计原则。

该答案的推荐原因：

1. 全面而深入的分析：这个回答全面覆盖了AI产品经理和传统产品经理之间的关键差异，从技能、职责到工作方式的不同，为面试官提供了一个清晰的比较视角。

2. 行业适应性：通过强调AI产品经理面临的特殊挑战和技能需求，这个回答展示了候选人对AI行业特点的深刻理解，以及对不同行业的适应性。

3. 专业性：这个回答体现了扎实的专业知识和对AI产品管理领域的深刻理解，展示了候选人具备高度的行业洞察力。

4. 逻辑清晰：使用结构化的方式呈现信息，使得回答条理清晰、逻辑严密，易于面试官理解。

以上就是给大家介绍的通过AI来提升面试技能的方法，希望所有人都可以通过AI的赋能找到心仪的工作。

CHAPTER SIXTEEN

第 16 章

AI副业变现案例

学习AI相关技能，除了可以提高工作效率之外，还可以从事副业。不管你是学生、职场人还是自由职业者，都可以通过学习以下12个AI变现案例，开启自己的副业之路。

16.1 AI在文本领域的变现案例

目前，AI在文本领域的变现方式非常多样化，具有广泛的应用前景。以下将讲解三种主要的变现方法，分别是提示词定制、公众号爆款文章撰写和简历修改，以帮助读者理解其特点和实施方式。

16.1.1 提示词定制

目前在企业端定制提示词的需求越来越多，定制提示词主要用来帮助企业提升效率、创新产品服务和改善用户体验。

- **产品描述**：电商平台可以通过定制提示词自动生成或优化产品描述，提升产品页面的吸引力和优化搜索引擎显示效果。

- **内容生成**：出版社、新闻机构和内容营销团队可以利用定制提示词来生成文章草稿、编辑建议或创造性内容，从而提高内容创作的速度和质量。

- **市场营销与广告**：定制提示词有助于营销团队生成具有吸引力的广告文案、社交媒体帖子或营销电子邮件。

除此以外，在创意与设计、数据分析、技术文档撰写、教育与培训、法律合规咨询等业务场景中，定制化的提示词都可以发挥极大的价值，因而诞生了大量定制提示词的需求。

1. 项目原理

目标用户主要是有提示词定制需求的企业。企业面对内部不同的需求场景时，会采取不同的策略来解决提示词撰写问题。

（1）**内部需求频繁的企业**

那些内部频繁有提示词撰写需求的企业，一般会选择直接招聘专门的提示词工程师来满足这些需求。这样既可以保证提示词的质量和撰写效率，也便于对提示词工程师的工作进行直接管理和指导。

（2）**偶尔需要定制提示词的企业**

那些偶尔需要定制提示词的企业，通常不会专职招人，而是倾向于寻找外部专业人士来提供定制化服务。这种方式不仅成本相对较低，也能保证企业在需要时快速获得高质量的提示词。这为懂得提示词撰写技巧的读者提供了一个副业变现的机会。通过为这些企业提供定制化的提示词，读者可以将自己的专业技能转化为收入，同时也帮助企业解决实际问题。

2. 实现方法

要成功地为客户提供提示词服务，可以遵循以下步骤。

第一步：获取客户。

利用自媒体平台或通过朋友和业内人士的介绍来获取潜在的客户，与客户初步建立信任基础，并通过网络或社交网络扩展客户群。

第二步：沟通需求和签订合同。

与潜在客户进行初步沟通，了解他们的基本需求。在此基础上，进行价格谈判，确保双方的利益和预期相匹配，并正式签订服务合同，确保交易的正式性和信息的安全。

第三步：分析需求与撰写提示词。

深入分析客户提供的详细需求，可能需要针对具体细节进行多轮沟通，以确保完全理解客户的意图和目标。之后，拆解需求，并撰写出第一版的提示词。

第四步：内部测试与稳定性验证。

在向客户交付成品前，先用自己的账号测试提示词的效果，验证其实际运行的稳定性和有效性，并进行必要的调整。这一步骤是为了确保交付的产品能达到预期的效果。

第五步：客户反馈与迭代优化。

将初版提示词交付给客户后，根据客户的反馈收集优化建议。此步骤通常需要多次循环，根据客户的具体反馈不断修改和优化提示词，直到客户满意。

第六步：项目验收与尾款结算。

一旦提示词满足客户的所有验收标准，项目即可宣告完成，客户支付剩余的尾款。

3. 案例

在当前的数字营销环境中，提示词定制服务已经广泛出现在多个在线销售平台上，如淘宝、闲鱼、拼多多、小红书和抖音等。

这些平台因其庞大的用户基础和易于接触的特性，成为提供此类服务的热门选择。例如，淘宝平台上的提示词定制服务业务如图16-1所示。各位读者可以以此为对标案例，深入分析对方的变现逻辑。

图 16-1

4. 变现方法

目前，通过提示词变现的方法主要分为以下三种，三种方法各具特色且适用于满足不同的市场需求。

（1）提示词定制服务变现

这种变现方式主要面向企业客户，提供针对具体业务需求的深度定制服务。由于涉及个性化和专业性较高的服务，客单价相对较高，一般在2000至10 000元。价格的差异主要由业务的复杂程度决定。

（2）在开源社区或网站上传并销售提示词

将自己创造的提示词上传到如Hugging Face Hub、FlowGPT等AI技术社区或平台，供AI开发者及普通用户付费使用。这种方法的客单价相对较低，但可以触及更广泛的用户群体，增加收益的稳定性。通过这种方式，创作者可以将自己的知识和技能转化为持续的收入来源，同时促进AI技术的普及和应用。

（3）提示词高阶课程变现

通过制作和销售关于如何编写和优化提示词的高阶课程，或提供一对一的"陪跑"服务，也是一种有效的变现方法。这属于知识付费的范畴，目标群体主要是想要深入学习和应用AI技术的个人或企业。课程通常涵盖提示词的理论基础、实际应用案例分析以及优化策略等内容,帮助学员掌握从基础到高级的技能。

以上三种方法各有侧重,从提供专业服务到促进知识分享,有助于推动AI技术的商业应用和个人发展。

16.1.2 公众号爆款文章撰写

公众号作为微信生态中的核心产品,拥有庞大的流量。因此,利用AI撰写公众号爆款文章成为可能。

1. 项目原理

目标用户是希望将撰写高质量文章当作副业的初学者。

以前,公众号属于私域范畴,发布的文章只能被已有粉丝看到,这对初学者极其不利。因为即便文章质量高,非粉丝用户也难以接触到,使得通过公众号变现十分困难。

然而,公众号目前已转向公域范畴,文章只要能进入流量池,即使是新手的作品也有望获得上万人次的阅读量。此外,借助AI工具,如ChatGPT,即便是初学者也能迅速生成吸引眼球的文章,一个人甚至可以同时运营多个公众号。

2. 实现方法

要成功撰写受欢迎的公众号文章并吸引大量读者,可以遵循以下几个步骤。

第一步:选择合适的写作领域。

基于个人兴趣和市场热门账号的分析,选择一个受众基数大的写作领域。热门领域包括家庭情感故事、国学、历史、名人名言、影评等。这些领域通常内容丰富,易于吸引不同类型的读者。

第二步:构建爆款选题库。

系统地整理并规划未来至少两周的写作主题。这包括对潜在热门话题的筛选和时效性评估,确保每个选题都有成为热门文章的潜力。细致的选题规划有助于提高写作效率和内容质量。

第三步:撰写和优化文案。

使用AI工具辅助文案创作,提升写作效率和文章质量。可以对内容进行改写或润色,但必须确保内容的原创性,以避免抄袭的风险。撰写提示词和框架可以事先准备,以便快速响应热点。

第四步：定期发布并持续观察效果。

文章写作完成后，应按计划发布，并保持一定的发布频率。持续的内容输出不仅可以维持读者的关注度，还有助于文章进入流量池，从而增加被更多读者看到的机会。定期回顾文章表现和读者反馈，调整策略以优化文章内容。

3. 案例

通过微信搜索功能搜索关键词如家庭情感、国学、历史、名人名言、影评等，可以发现多篇阅读量超过10万人次的文章。

这一现象说明，这些选题的文章为众多用户喜欢，并且得到了平台的流量支持。这类热门内容不仅反映了用户偏好，各位读者也可以以此为对标案例，深入分析对方的选题、文章框架以及文章风格等。

4. 变现方法

目前，通过AI撰写的公众号爆款文章变现主要有四种方法，每种方法都能有效地将内容价值转化为经济收益。

（1）广告收益

这是最直接的变现方法之一。文章中通常会插入两个广告——一个通常在文章的中间，另一个在文章的末尾。这些广告可以是相关产品的推广或合作品牌的广告，账号拥有者根据阅读量和点击率获取收益。

（2）文章打赏

打赏功能支持读者直接对文章内容进行小额支付，以表达对作者或内容的认可和支持。这种方式直接依赖于文章的质量和受众的喜好，能有效增强作者与读者之间的互动，同时增加作者收入。

（3）撰写商业推广文章

除了在文章中插入广告外，公众号运营者还可以直接与品牌进行合作，发表商业推广文章。这类文章通常由品牌方提供稿件内容或主题，公众号运营者根据自身风格进行适当的调整和编辑。由于这种方式通常涉及金额较大的一次性支付，因此品牌方对文章的影响力和受众基数有较高的要求。

（4）私域产品变现

这种变现方法是指将文章流量引流至自家店铺或帮助合作的产品销售的方法。例如，文章介绍某个产品的使用体验和植入购买链接，引导读者进行购买。这种方法不仅可以推广自身产品，还能通过文章内容的相关性提高转化率，从而实现双向收益。

通过上述四种方法，AI撰写的公众号文章不仅能吸引大量阅读者，还能通过多种渠道实现商业价值的最大化。每种方法都有其独特的优势和适用场景，公众号运营者可以根据自身资源和目标选择最合适的变现策略。

16.1.3 简历修改

一份设计精良、内容丰富的简历对求职者来说至关重要，它能够帮助他们在众多应聘者中脱颖而出。

由于简历对职场成功非常重要，许多人寻求专业帮助以确保他们的简历在形式和内容上都达到最佳。因此，提供专业简历制作服务成了一种副业。

这种服务不仅帮助他人成功找到心仪的工作，同时也为制作者本人提供了稳定的收入来源。

1. 项目原理

目标用户群体为在职场中遇到求职挑战的个人，具体包括寻找实习机会的应届生、希望转行的人员、想要跳槽的在职者以及希望重返职场的人。

这些用户通常难以编写出优秀的简历，因为他们可能不知道如何根据面试官的期望撰写出吸引人的简历。

很多求职者由于没有担任过面试官，因此不知道什么样的简历是优秀的简历，无法从招聘者的视角出发优化自己的简历。这通常会导致他们的简历未能凸显出应有的技能和经验，从而降低了获得面试机会的可能性。

正因为求职者在简历编写方面存在不足，所以希望专业人士能帮助其修改和优化简历。然而，简历专家往往难以弄清楚所有行业和职位的要求，因此提供定制化简历服务的效率有限。

借助AI，简历修改服务可以变得更加高效和精准。AI可以快速掌握各个岗位的技能要求，通过分析大量的职位数据和成功简历案例，生成针对特定岗位的简历模板。此外，AI还能提供个性化建议，帮助求职者突出其核心竞争力。

通过结合专业人士的经验和AI的数据处理能力，求职者可以获得一个全面的简历修改和优化服务。这不仅提升了简历的专业性，还大幅提高了副业变现的效率。

2. 实现方法

要想通过AI撰写简历进行副业变现，可以按照以下步骤操作。

第一步：客户获取。

利用线上平台如在行、闲鱼、淘宝、小红书等渠道精准获取客户。这些平台覆盖了广泛的用户群体，适合推广简历撰写服务。

第二步：需求确认。

与客户进行详细的沟通，明确他们的过往工作背景、求职意向及特定需求。这一步骤是成功撰写个性化简历的关键，确保所提供的服务符合客户的职业发展目标。

第三步：AI简历撰写。

使用AI工具辅助简历撰写，具体有两种方法。

方法一：使用如ChatGPT之类的AI工具，学习并归纳目标职位所需的核心技能，并基于这些信息撰写针对特定岗位的简历模板。然后，结合客户的个人工作经历和项目经验，填充和调整简历内容。最后，利用专业的简历网站进行简历的视觉优化，确保简历看起来专业、整洁。

方法二：直接使用AI简历生成工具，输入客户的基本信息和工作经历，工具会自动生成完整的简历。使用这种方法生成简历更快速，但可能需要进一步的个性化调整来满足客户的特定需求。

第四步：简历修改。

根据客户反馈进行简历的修改。通常需要经历多次修改，以确保简历最终符合客户的期望和应聘岗位的要求。

第五步：收取费用，完成交易。

3. 案例

在行、淘宝、小红书等电商和自媒体平台上，存在大量的简历修改服务案例，如图16-2所示。目前，绝大多数店铺或个人服务提供者已经开始利用AI工具来提升简历修改的效率。建议读者深入研究这些服务提供者的简历修改方法、定价策略、交付时间等关键因素。通过这些信息，你可以更好地设计自己的业务流程和确定合适的变现策略，以适应市场需求和竞争态势。

图 16-2

4. 变现方法

要通过AI简历撰写服务实现副业变现，可以采用两种方法来增加收入。以下详细介绍这两种方法的盈利模式。

（1）直接通过简历相关服务变现

简历撰写服务：提供从头到尾的简历撰写支持，帮助客户根据其职业背景和求职目标制作专业简历。使用AI技术可以高效地整理信息，确保简历格式正确且吸引人。

简历诊断服务：分析客户现有的简历，指出其优点和缺陷，并提供具体的改进建议。这项服务适合那些已制作简历但希望提升简历质量的客户。

简历优化服务：对客户现有简历进行深度修改，包括重写不够突出的部分，优化关键字，美化整体布局和设计，使简历更符合招聘标准。

（2）用户引流至私域后提供高价值服务

模拟面试服务：在私域中提供模拟面试服务，帮助客户准备即将到来的面试。可以进行一对一模拟问答、面试技巧培训以及给出改进建议。

职业规划服务：为客户提供职业生涯规划的建议，帮助他们弄清楚职业方向，制订长远的职业发展计划。这项服务通常包括评估客户的技能和兴趣、探讨职业机会、规划职业路径以及提供职业发展策略。

运用这两种方法，AI简历撰写服务的提供者能够直接获得收入，还能通过高价值服务在私域内建立更稳固的客户关系和长期的盈利模式。

16.2 AI在绘画领域的变现案例

目前，AI在绘画领域的商业应用和变现方式不断扩展，已经成为许多人开展副业的选择。以下将深入探讨5种变现方法，讲解它们的运作方式和商业潜力，这5种变现方法分别是：微信表情包制作、婚礼迎宾牌定制、漫画小说视频制作、写真照定制以及服装模特制作图。

16.2.1 微信表情包制作

相信很多读者都有在微信上使用表情包的经历，微信表情包之所以受到广泛欢迎，原因是多方面的。

- **表情丰富，传情达意**：微信表情包提供了丰富的表情和符号，在文字无法完全表达情感的场合，一个恰到好处的表情包可以立即让对方明白你的感受和意图。

- **增加沟通的趣味性**：表情包往往包含幽默、搞笑的元素，使用表情包可以使对话变得轻松和愉悦。

- **文化和潮流的反映**：许多流行的微信表情包都是从热门文化、网络段子、公众事件中提取出来的，使用这些表情包本身是一种与时俱进的社交行为，可以展现一个人的文化品位和幽默感。

- **便于快速回应**：在快节奏的社交互动中，使用表情包可以节省时间，在那些不易直接回答或需要巧妙应对的情况下，一个合适的表情包往往能够起到四两拨千斤的效果。

所以基于以上几个原因，微信表情包的需求量非常大。大家有没有想过自己制作表情包去变现呢？现在Midjourney等AI绘图工具出现之后，极大地降低了微信表情包的制作门槛，大家不妨试试利用AI绘图工具自己制作表情包。

1. 项目原理

目标用户群体为微信平台上喜欢使用各种表情包的用户。这类用户不仅数量庞大，而且对新鲜、有趣的表情包有持续的需求。

与节日、职业、热点事件等相关的主题，通常更容易引起用户的兴趣，因为它们与用户的日常生活和社交活动紧密相关。

随着AI绘画技术的发展，普通人可以快速完成高质量表情包的制作，并通过这种方式持续变现。

2. 实现方法

想要通过制作微信表情包实现变现，可以按照以下步骤操作，确保内容的原创性与吸引力。

第一步：生成原始表情包。

使用AI生成工具如Midjourney，通过输入详细的提示词来创建原始图像。

第二步：图片处理。

使用图像编辑软件如Photoshop进行抠图，去除图像背景。这一步是为了确保表情包的背景干净简洁，以适用于各种聊天背景。

第三步：图片剪裁。

将处理好的图片裁剪成1:1的比例，这是微信平台对表情包的比例要求。确保每个表情的关键视觉元素都被完整展示，以达到最佳视觉效果。

第四步：添加文案。

在裁剪后的图片上添加适当的文案，增强表情包的表达力和趣味性。文案应简洁明了，与表情包展现的情绪和场景相匹配。

第五步：上传至微信表情开放平台。

将最终制作完成的表情包上传至微信表情开放平台，如图16-3所示。在上传过程中，遵循平台的相关规定和要求，确保表情包能够成功发布并为用户下载。

图16-3

3. 案例

图16-4所示为使用以下提示词后生成的效果图。

little girl in red robe, elegant Tang Dynasty poet, holding a long sword. four cute poses and expressions:smile, sad, angry, anticipation. different emotions, multiple poses and expressions, Chinese painting, Chibi, illustrations, flatcolors, simple line 2d painting, popular artstations, digital art, pixel style cartoons, lineworks, 8k.

（小女孩穿红袍，手持长剑的唐代诗人。四种可爱的姿势和表情：微笑、悲伤、愤怒、期待。展示不同情绪，多种姿势和表情，中国画风，Q版，插图，平面色彩，简洁线条2D绘画，流行的艺术站点，数字艺术，像素风格卡通，线条作品，8K。）

图16-4

4. 变现方法

将制作好的表情包上传到微信表情开放平台后，创作者可以通过赞赏功能变现。

首先，确保账号符合开放平台的赞赏条件。一旦满足这些条件，创作者便可为其表情包启用赞赏功能。当用户对这些表情包表示喜爱并选择赞赏时，创作者将直接收到款项。

16.2.2 婚礼迎宾牌定制

现在年轻人越来越重视婚礼，主要原因如下。

• **个性化和自我表达的需求**：年轻人希望通过婚礼展示自己的个性和品位，他们倾向于通过定制化的婚礼来表达自己的爱情故事，以此彰显自我和与众不同。

• **社交媒体的影响**：精心策划的婚礼可以成为社交媒体上的亮点，吸引他人关注和点赞，满足年轻人对社交认可的需求。

• **经济条件的改善**：随着经济条件的提高，年轻人愿意投入更多的金钱和时间来确保婚礼的每一个细节都能达到预期的效果，从而使婚礼成为一生中难忘的事件。

基于以上几个原因，婚礼迎宾牌的制作需求变得越来越旺盛。

1. 项目原理

目标用户群体为新婚夫妇。他们通常对婚礼的细节要求非常高，而且愿意为这一生中的特殊事件支付较高的价格。

传统上，制作一套卡通风格的婚礼迎宾牌需要较强的平板绘画技能，这对普通人来说是一个挑战。然而，随着技术的进步，借助AI绘画工具和预设的模板，将真实人物转化为卡通形象变得更加容易，婚礼迎宾牌业务的定制服务也变得更加高效和经济。

2. 实现方法

要通过AI绘画技术定制婚礼迎宾牌并实现商业化，可以遵循以下几个步骤。

第一步：收集素材。

要求客户提供一张高清的双人结婚照片。这张照片将作为制作婚礼迎宾牌的基础图像，需要确保图片质量高，以便进行后续处理。

第二步：图片转换。

使用如Midjourney的Niji模型或Stable Diffusion的二次元模型等AI工具，将客户的真人照片转化为漫画风格的图片。这些高级AI模型能够捕捉人物特征，并以艺术化的漫画形式呈现。

第三步：个性化设计。

利用Photoshop或其他图像编辑软件，根据客户的要求添加个性化文案和选择合适的模板，完成婚礼迎宾牌的设计。可以调整颜色、字体和布局，确保婚礼迎宾牌设计符合婚礼的主题和氛围。

第四步：制作与打印。

在1688、线下打印店或其他平台寻找专业的婚礼迎宾牌制作商家，并下单。选择合适的材质和打印技术是关键，以确保最终产品的质量可靠与美观。

3. 案例

小红书等平台上目前存在众多婚礼迎宾牌定制的商家，价格区间通常在100至300元，如图16-5所示。这些产品客单价高且实际成本低，利润空间大。

若有兴趣进入这一领域，请进行详尽的市场调研，这是成功的关键。

首先，分析现有商家的引流和获客策略，了解他们如何通过社交媒体、搜索引擎优化或付费广告吸引潜在客户。

其次，研究商家的定价策略，包括如何设置价格以及是否提供优惠或套餐服务以吸引客户。

最后，考察这些商家提供的服务内容和产品质量，评估他们如何满足客户需求并保持市场竞争力。

通过这些调研，读者可以获得宝贵的市场见解，为自己的婚礼迎宾牌定制服务设计出有竞争力的引流策略、合理的定价以及吸引人的服务内容。

图16-5

4. 变现方法

通过AI绘画定制婚礼迎宾牌服务的变现方法可以分为以下几种。

（1）私人定制婚礼迎宾牌

直接通过为客户提供个性化的婚礼迎宾牌服务进行变现。

（2）打包设计服务

为了实现更高的客单价，可以提供一系列的打包设计服务，包括情侣T恤、情侣抱枕、情侣手机壳等相关产品。这种方法不仅提升了产品的附加值，也增加了购买的便利性，使客户能够在一个地方满足多种定制需求。

（3）通过合作提供代做服务

通过与婚庆公司等相关企业合作，作为他们的供应商提供代做服务。这可以扩大服务的市场范围，并借助合作伙伴的客户基础来增加订单量，从而提升收入。

16.2.3 漫画小说视频制作

一直以来，喜欢看漫画小说的群体都很庞大，当然原因是多种多样的。

- **逃避现实**：漫画小说提供了一个逃离现实生活压力和单调日常生活的机会，让读者暂时进入一个完全不同的世界。

- **激发想象力**：这些故事中往往有独特的角色、复杂的情节和天马行空的幻想世界，能够激发读者的想象力。

- **情感共鸣**：通过与故事中的角色建立情感连接，读者可以与角色共情。这种情感联系有时候会帮助读者处理自己的情感问题。

每个人对漫画小说的喜爱都有其独特的理由，因此，漫画小说在各大短视频平台上有不错的流量。

1. 项目原理

目标用户是那些喜欢阅读漫画小说却难以选到合适作品的读者。以往，制作漫画小说视频需要专业的编辑技能和高端拍摄设备，这对普通用户来说是一个较大的挑战。

然而，随着AI技术的发展，现在普通用户也能高效地制作漫画小说视频。通过AI工具，用户可以在大约20分钟内生成一个完整的视频，极大地提升了视频制作的效率。这不仅降低了技术门槛，也使得视频内容创作者能够快速批量生产视频，从而增加了通过视频制作变现的可能性。

2. 实现方法

通过AI绘画技术制作漫画小说视频并变现，整个过程可以分为以下6个步骤。

第一步：市场调研。

前往起点中文网、潇湘书院、晋江文学城等知名小说网站，筛选出当前受欢迎且目标受众较广的小说主题。

第二步：内容创作。

利用ChatGPT工具根据筛选的主题撰写提示词，自动生成引人入胜的小说大纲和章节内容，确保对话富有吸引力。

第三步：角色设计。

使用如Midjourney和Stable Diffusion等AI绘画工具，根据小说内容的风格设计主要角色形象，保持视觉和故事内容的一致性。

第四步：场景描绘。

应用AI绘画工具详细制作小说每个关键场景的分镜图，以确保故事情节的准确和生动表达。

第五步：视频制作。

结合小说文案和分镜图，使用剪映等视频编辑工具自动生成视频。

第六步：内容发布。

将制作完成的视频上传到抖音、视频号、快手、B站等多个视频平台，进行广泛传播。

3. 案例

在抖音、小红书、B站等平台上，漫画小说视频的流量数据（如播放量、点赞量、收藏量、评论量）表现良好，如图16-6所示，说明这类内容拥有广泛的目标用户群体。

若有兴趣将漫画小说视频制作作为副业，进行深入的市场研究是关键。

首先，分析对标账号的内容定位，包括主题选择、视频的风格和制作质量、时长等因素。研究这些因素如何影响观众的参与度。

接着，研究这些账号的变现方法，包括但不限于广告收入、品牌合作、付费订阅或商品销售等。了解这些将帮助你确定最适合自己内容和目标市场的变现方法。

图 16-6

4. 变现方法

通过AI绘画技术制作漫画小说视频变现，主要有以下几种有效的方法。

（1）广告收入和流量分成

通过在漫画视频或小说视频中嵌入广告，以及与播放平台合作，获取基于观看量的收益分成。

（2）平台合作佣金

与漫画小说平台合作，引导读者或观众流向这些平台，通过推荐链接或专属促销代码赚取佣金。

（3）课程开发

制作关于AI绘画技术和漫画创作的在线教程，向想要学习这些技能的用户收费，提供专业知识的同时增加收入。

16.2.4 写真照定制

目前，拍写真照片受到越来越多人的喜欢，原因是多样的。

- **记录美好时刻**：通过拍摄写真来记录生活中的重要时刻和美好瞬间，如毕业、结婚、怀孕等，这些照片成了珍贵的回忆。

- **展现个人魅力**：写真照片可以突出个人的气质和魅力，将人们有吸引力的形象呈现出来。

- **社交分享**：写真照片因其高质量和艺术性，非常适合在社交网络上分享，吸引他人关注和点赞。

1. 项目原理

目标用户为那些希望获得高质量、个性化写真照片的人群。

传统上，高端写真拍摄主要由专业影楼负责，这对普通用户来说存在门槛，因为他们通常不具备专业的摄影设备和后期处理技能，且购买专业相机的成本非常高。此外，传统影楼的服务价格昂贵，且过程包括化妆和拍摄，既费时又费力。

随着AI绘画技术的发展，AI写真为普通用户提供了一个更经济、更便捷的选择，同时也开辟了新的变现途径。这种技术允许用户以较低成本创造出个性化且专业级别的写真作品，大大降低了传统摄影的技术和经济门槛。

2. 实现方法

通过AI写真技术变现的过程可以分为以下4个步骤。

第一步：图片收集。

引导用户上传或发送高清晰度的原始照片。

第二步：技术应用。

使用如Stable Diffusion的绘图工具，训练专门的写真风格人物模型Lora；或者在Midjourney平台安装人物换脸插件，为下一步的图片处理做准备。

第三步：图片处理。

利用Lora模型将用户上传的照片转换成写真风格；或者使用换脸插件，将用户的脸部特征逼真地融合到AI生成的摄影作品中。

第四步：成品交付与反馈。

将处理后的照片发送给用户，根据用户的反馈进行必要的调整和优化，以满足用户的个性化需求。

3. 案例

在小红书、淘宝等平台上，提供AI定制写真照和职业照的商家众多，服务价格通常设定在50至100元，如图16-7所示。这类服务的营销策略与传统影楼相似，主要依靠展示成功案例来吸引客户。

图 16-7

若有兴趣通过此方式开展副业，可以先为亲朋好友制作写真或职业照，并确保这些照片具有专业水准和吸引力。完成后，可以将这些照片发布到小红书、淘宝等平台上，用作展示你技术能力和服务水平的案例集。

这样做不仅可以帮助你构建信誉，还能通过展示具体的工作成果来吸引潜在客户。随着案例集的丰富和口碑的形成，你的服务将逐渐吸引更多客户，获得稳定的收入。

4. **变现方法**

AI写真的变现方法可以分为以下几种。

（1）**AI写真作品定制**

为客户提供个性化的AI写真服务，根据客户需求使用AI技术创作独特的写真作品，满足他们对高质量和个性化视觉内容的需求。

（2）**售卖AI写真制作教程**

开发并销售关于如何使用AI技术制作写真的教程。这些教程可以是视频课程、电子书。

（3）**与摄影工作室合作提供AI服务**

与传统摄影工作室合作，将AI技术整合到他们的服务中，提供更加多样化和创新的写真选项。

16.2.5 服装模特图制作

现在几乎所有的服装电商网站都喜欢请服装模特进行拍摄，主要有以下几个原因。

• **提升产品吸引力：** 模特可以通过展示服装的合身度、搭配效果以及穿着时的整体感觉，提高产品的吸引力。

• **增强消费者信任：** 使用真人模特拍摄的产品图片可以给消费者带来更直观的购物体验。消费者通过模特的身形、穿着效果来预判自己穿着该服装的样子，这种"看得见"的感觉可以大大增强消费者的信任感。

• **促进销售：** 吸引人的模特图片可以激发消费者的购买欲望，增加商品的点击率和转化率。在视觉冲击力极强的网络环境中，优秀的视觉展示是促成交易的关键因素之一。

所以，服装模特对服装电商网站来说是刚需。

1. 项目原理

目标用户是希望低成本且高效率地制作服装模特图的商家。传统的服装拍摄过程中，商家不仅需要支付模特费用，还要承担租用摄影棚、聘请摄影师及后期剪辑的高昂费用，不仅成本高，而且耗时长，这一直是商家面临的主要难题。

然而，随着AI绘画技术的进步，商家现在可以将简单的服装展示图转化为看似由专业模特拍摄的高质量图片。这种方法不仅效率极高，还能显著降低成本，因为AI生成的模特图不涉及版权问题，避免了昂贵的模特费用。通过这种技术，商家可以快速且经济地更新其产品目录，满足市场需求。

2. 实现方法

通过AI绘画制作服装模特图进行副业变现的流程分为以下3个步骤。

第一步：图片上传。

引导用户上传或发送高分辨率的服装照片，确保生成的模特图质量。

第二步：图像处理。

使用Stable Diffusion等先进的AI绘图工具，按两种方式处理：一是将真人的脸部和背景替换到服装照片中，二是完全生成虚拟的服装模特图。

第三步：成品反馈。

向用户发送完成的模特图，并根据他们的反馈进行必要的调整和优化，以确保满足用户的具体需求。

3. 案例

在淘宝、小红书等平台上，可以发现一些店铺提供AI电商模特换装服务，如图16-8所示，其主要营销策略是展示前后对比图以凸显服务效果。

从公开数据分析得知，这些店铺的销量并不高，因为此类服务主要针对电商卖家等企业端客户，而非普通消费者。企业端客户通常在寻找此类服务时会更注重服务的专业性和图片效果对销售的直接影响。

因此，若想要做类似业务，为了提高服务销量，一方面要选择电商卖家聚集的平台进行服务推广，另一方面要多角度展示服务效果，如提高图像处理的质量和真实感，这样才能更好地吸引企业端客户的注意，从而提升转化率和销量。

图 16-8

4. 变现方法

通过AI绘画制作服装模特图进行副业变现，可以采取以下几种有效的方法。

（1）AI服装模特图定制

提供专门的服务，根据客户需求使用AI技术生成定制化的服装模特图。这种服务特别适用于需要独特展示效果的电商平台和设计师。

（2）售卖AI服装模特图制作教程

开发并销售一系列教程，教授客户如何使用AI技术创建服装模特图。这些教程可以是视频课程、在线研讨会或电子书的形式，为有兴趣自行制作这类图像的用户提供指导。

（3）图文带货

利用生成的AI服装模特图进行图文带货，通过社交媒体平台或博客发布带有购买链接的美观图文，吸引用户购买相关服装。

16.3 AI在声音领域的变现案例——声音克隆

目前在声音领域，AI技术的商业变现方式相对有限，这主要是因为声音克隆技术通常需要与其他技术（如AI视频制作或AI数字人技术）结合使用。以下将详细介绍声音克隆的商业变现方法。

随着AI音频技术的发展，声音定制的应用场景非常广泛。

- **虚拟助手与聊天机器人**：定制声音用于提供更自然、更个性化的交互体验，使得AI助手或聊天机器人的声音更加亲切。

- **游戏与娱乐**：在视频游戏、虚拟现实和增强现实体验中定制角色声音，以增强用户的沉浸感。

- **音频内容制作**：在播客、有声书和音乐制作等领域，通过定制声音来匹配特定的内容风格或听众偏好。

除以上几个场景之外，声音定制还广泛应用于导航系统、公共广告、电话系统等领域。

1. 项目原理

目标用户主要是那些寻求低成本声音定制的企业和个人。当前市场上专业的声音定制软件通常价格昂贵，并且多采用会员制收费方式，对许多用户来说成本较高。

然而，在一些特殊且出现频次低的场景，如单次活动或特定项目中，直接聘请专业人士进行一次性声音定制往往更为经济。

这种市场需求为熟悉AI声音工具的普通人提供了利用这些技术为目标用户提供服务并赚取收入的机会。通过AI工具，用户可以以较低的成本获得定制化的声音解决方案，满足特定需求，同时也开辟了新的收入渠道。

2. 实现方法

实现AI声音克隆的过程可以分为以下5个步骤。

第一步：音频采集。

要求客户提供至少10分钟的高质量音频数据源，声音需清晰、富有感情，尽量无背景音或杂音，并确保录音中只包含一个人的声音。

第二步：音频处理。

使用UVR5工具对提供的音频进行背景音分离和质量提升，以优化后续的训练效果。

第三步：音频切分。

借助Audio Slicer工具将音频切分成10到15秒的小段，这有助于模型更好地学习和模仿声音特征。

第四步：声音训练。

将切分后的音频数据导入So-VITS-SVC或ElevenLabs软件进行训练。通常，So-VITS-SVC提供更优的效果，但操作难度较大。

第五步：声音生成。

模型训练完成后，根据客户提供的文案生成所需的声音，完成定制化声音的输出。

3. 案例

目前在淘宝、小红书等平台上，有一些卖家提供声音克隆定制服务，如图16-9所示，这些服务主要包括AI翻唱、克隆亲人声音等。这类服务的客户单价通常介于200至1000元，较高的价格主要是由于声音克隆过程时间长和成本高。

若有意从事此类业务，首先，需要熟练掌握各种声音克隆工具。掌握这些技术是提供高质量服务的基础。其次，需要准确评估提供一次声音克隆服务所需的时间成本，这包括录音、处理和修改等各个步骤的时间。

接下来，建议仔细研究市场上同类店铺的定价策略和服务内容，分析他们的优势和不足。基于这些信息，你可以设定自己的服务价格，使之既能覆盖成本，又具有市场竞争力。

图 16-9

4. 变现方法

通过AI声音克隆技术进行副业变现的主要方法可以归纳为以下三种。

（1）声音克隆定制化服务

提供专业的声音克隆服务，根据客户的具体需求，使用AI技术克隆特定人物的声音。这类服务适用于需要特定声音的广播、视频或个人项目。

（2）声音克隆软件教程

制作并销售关于如何使用声音克隆软件的教程。这些教程可以帮助客户学习如何独立操作声音克隆软件，包括音频编辑、模型训练和声音生成等技能。

（3）声音克隆软件代理

成为声音克隆软件的代理商，销售许可软件和提供相关服务。这不仅包括软件的直接销售，还可能涉及提供技术支持和定期更新。

16.4 AI在数字人领域的变现案例

尽管数字人技术尚未完全成熟且成本相对较高，但该领域已经涌现出许多成功的副业变现案例。以下是两个具体案例的详细介绍，它们展示了数字人技术如何在不同领域中实现商业应用，分别是AI数字人讲儿童英语和AI数字人讲国学。

16.4.1 AI数字人讲儿童英语

孩子的英语学习越来越受到家长的重视，主要是出于以下几方面原因。

• **全球化的需求**：英语作为国际通用语言，家长希望孩子能够掌握英语，抓住全球化发展的机遇。

• **教育机会**：英语水平是许多高等教育机构评估申请者资格的关键因素，家长希望通过培养孩子的英语能力，为其将来进入优质高校、留学海外等奠定基础。

• **职业发展**：随着全球经济的发展，许多企业和职位要求职员具备良好的英语交流能力。拥有流利的英语交流技能，可以为孩子的未来职业生涯提供更广阔的发展空间。

研究显示，儿童在语言学习上有着天然的优势，尤其是在发音和语感的培养上。因此，家长倾向于在这一关键期，为孩子提供英语学习的机会，希望他们能更自然、更有效地掌握英语。所以儿童英语学习的需求非常旺盛。

1. 项目原理

目标用户是那些希望在日常生活中提升孩子的语感，但自身不具备英语辅导能力的家长。这些家长的核心需求包括低成本、随时随地的学习机会，以及适合孩子当前学习阶段的教育资源。传统的辅导班不仅费用高昂，还受到地点和时间的限制，不能满足家长希望孩子在日常环境中随时练习英语的需求。

AI数字人技术可以利用不同年级的英语教育资料快速生成定制的AI数字人口播视频。这不仅使孩子随时随地练习英语成为可能，还为掌握此技术的个人提供了新的变现机会。

2. 实现方法

通过AI数字人技术制作儿童英语学习视频有以下5个步骤。

第一步：内容准备。

购买或整理小学英语教材，或使用ChatGPT根据不同年龄段和年级的学习水平生成相应的英语学习内容。

第二步：语音生成。

利用OpenAI TTS、TTS-Online等工具，将英语文本文件转换成清晰的语音并输出。

第三步：角色创建。

使用Midjourney或Stable Diffusion等AI工具，绘制一张小女孩或小男孩的图像，作为视频中的虚拟主角。

第四步：视频制作。

借助HeyGen、腾讯智影等数字人平台，使虚拟主角能够自然地开口讲英语，实现视频的交互效果。

第五步：后期编辑。

使用剪映、快剪等视频编辑工具，为视频添加字幕并进行拼接，增强教学视频的可理解性和观赏性。

3. 案例

在视频号、抖音等平台上，利用数字人讲英语的账号数量众多，这些账号主要定位于小学生家长这一受众群体，如图16-10所示。因此，数字人的形象通常选择具有国外特征、外貌甜美的小孩，这种形象更能吸引小朋友的注意力。此外，这些账号多运用图片生成数字人,这种的制作方式成本较低。

图 16-10

内容形式方面,视频中小孩通常先以正常速度读一段英文,视频同时提供中英文字幕;随后再以慢速重复同一段英文,此时提供的字幕为纯英文,这样设计有助于用户尤其是小学生更好地理解和跟读。

若有兴趣利用这种方式开展副业,建议首先深入分析现有成功账号的内容形式和视频制作方法,观察这些账号在内容选择、语速控制、视觉呈现和互动引导等方面的处理技巧。基于这些分析,你可以在创作自己的视频内容时,加入一些差异化的元素,如采用不同的数字人形象、提供针对性的互动题目或者增加文化背景介绍等,以增强内容的教育价值和吸引力。

4. 变现方法

通过AI数字人技术进行儿童英语学习的副业变现,可以采取以下两种方法。

(1)广告变现

在制作的儿童英语学习视频中嵌入广告,这些广告可以是与教育相关的产品或服务,如学习用品、儿童图书等。选择与内容相关性高的广告合作伙伴,可以提升广告的点击率和效果,从而带来广告收入。

(2)英语课程变现

通过提供付费的AI数字人英语课程或订阅服务来变现。可以设置不同级别的课程内容,满足不同年龄段和水平的儿童英语学习需求。用户支付课程费用后，可以获得更系统、更深入的教学资源和指导。

16.4.2 AI数字人讲国学

国学内容的受众群体越来越广泛，定位于这一领域的账号的涨粉速度很快。

1. 项目原理

目标用户是对国学感兴趣、希望通过获取知识来提升认知或找到共鸣的人群。

以前，要通过短视频传播这类知识来吸引粉丝关注，创作者需具备深厚的知识储备和丰富经验，同时还需投入大量时间来制作视频。这一过程不仅耗时而且门槛较高。

然而，随着AI数字人技术的进步，创作流程已大为简化。现在，文案可以通过工具如ChatGPT自动生成，而内容的呈现则可以通过数字人技术完成。这大大降低了制作视频的门槛，使视频制作更加迅速。通过这种方式，创作者可以快速生产高质量内容，有效吸引用户注意力，并实现变现。

2. 实现方法

通过AI数字人讲述国学进行副业变现可以按以下步骤操作。

第一步：内容采集与优化。

从网络上收集公开且无版权争议的国学资料，或者使用ChatGPT对现有内容进行改写和优化，确保内容的原创性和质量。

第二步：形象创造。

利用Midjourney或Stable Diffusion等工具绘制一个具有吸引力的虚拟形象，或选择数字人平台上的公共模型。

第三步：语音合成。

通过HeyGen、D-ID等数字人平台实现虚拟形象的语音输出，让其能够流畅地讲解选定的国学内容。

第四步：视频制作。

利用剪映等视频编辑工具对录制的内容进行剪辑，增加必要的视觉效果和字幕，提升视频的专业度和观看体验。

3. 案例

在抖音、视频号等平台上，大量利用数字人讲解国学内容的视频非常受欢迎，如图16-11所示。当前这类视频内容主流的形象是可爱的小孩，这不仅增加了视频的趣味性以吸引用户，同时也能体现出对国学的传承。这类视频通过精心设计的形象和内容，成功地吸引了目标观众，使得国学内容在数字时代能以新形式进行传播。

内容方面，这些视频主要围绕国学的经典语句展开，旨在传递深刻的生活智慧。

若有意利用类似视频进行副业变现，首先需要深入分析和研究市场上同类账号的内容形式和数字人形象。由于国学的核心内容在很大程度上是固定的，难以实现内容上的大幅差异化，因此要从其他维度寻找差异化机会。例如，可以在数字人的互动设计、视频的视觉效果、音频效果以及提供的附加价值（如实用建议、互动问答等）方面进行创新。

图 16-11

4. 变现方法

通过AI数字人讲解国学进行副业变现，可以采用以下几种方法。

（1）橱窗带货

利用AI数字人在视频中展示和推荐相关产品，如国学书籍、国学配饰或文化艺术品等。这种方法可以直接将内容与电商功能结合，吸引观众在观看过程中产生购买行为。

（2）售卖相关课程

开发并销售有关国学的在线课程，通过AI数字人讲师进行课程教学，提供不同层次的学习内容，满足不同用户的需求。